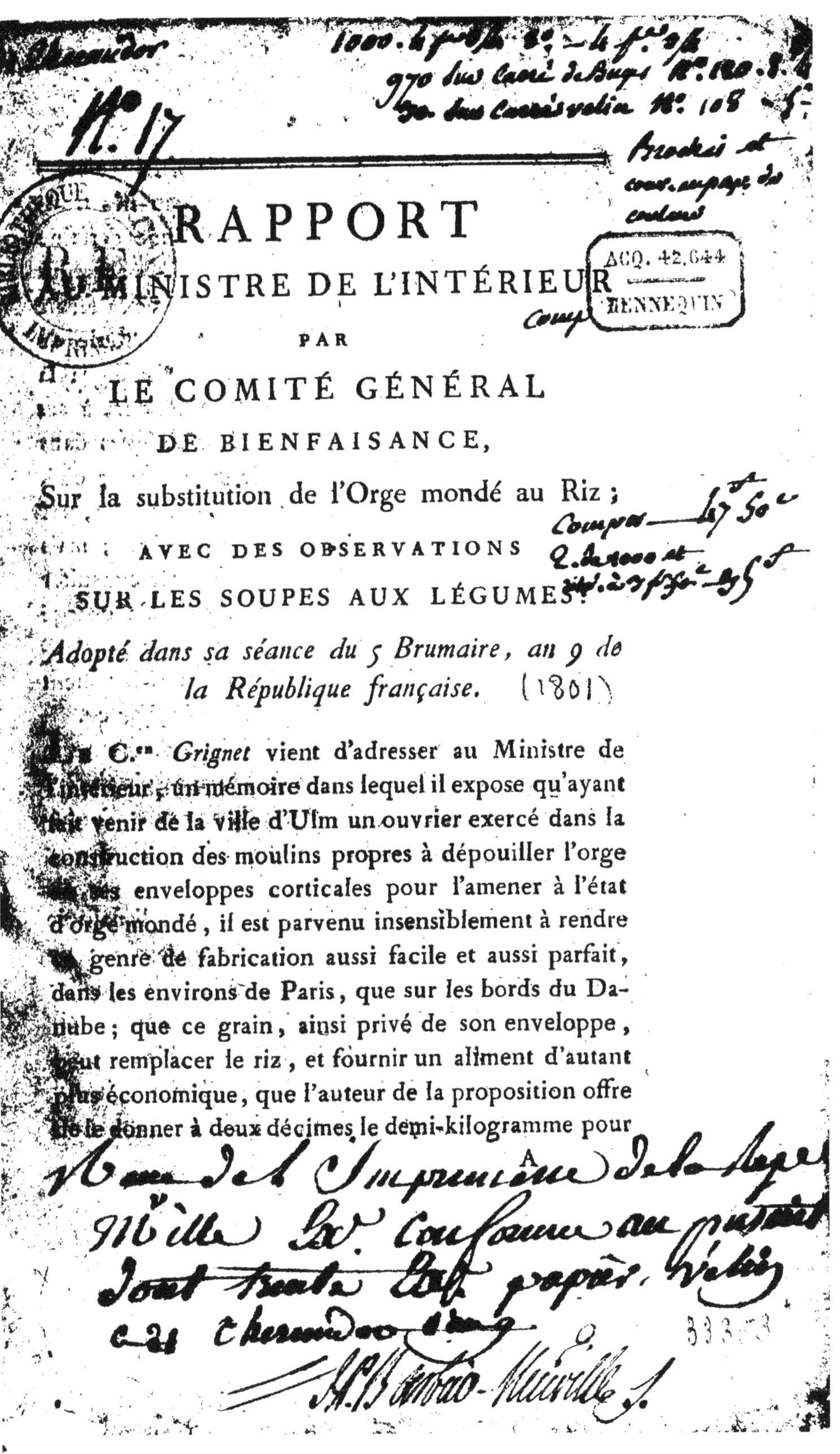

RAPPORT
AU MINISTRE DE L'INTÉRIEUR
PAR
LE COMITÉ GÉNÉRAL
DE BIENFAISANCE,

Sur la substitution de l'Orge mondé au Riz ;

AVEC DES OBSERVATIONS
SUR LES SOUPES AUX LÉGUMES.

Adopté dans sa séance du 5 Brumaire, an 9 de la République française. (1801)

Le C.en *Grignet* vient d'adresser au Ministre de l'intérieur, un mémoire dans lequel il expose qu'ayant fait venir de la ville d'Ulm un ouvrier exercé dans la construction des moulins propres à dépouiller l'orge de ses enveloppes corticales pour l'amener à l'état d'orge mondé, il est parvenu insensiblement à rendre ce genre de fabrication aussi facile et aussi parfait, dans les environs de Paris, que sur les bords du Danube ; que ce grain, ainsi privé de son enveloppe, peut remplacer le riz, et fournir un aliment d'autant plus économique, que l'auteur de la proposition offre de le donner à deux décimes le demi-kilogramme pour

A

les hospices civils, les bureaux de bienfaisance et les maisons d'arrêt : il ajoute que les nouveau-nés trouveraient dans cette ressource, jusqu'à une certaine période de la vie, une nourriture infiniment plus salutaire que n'est la bouillie préparée avec la farine de froment ; qu'il en a fait subsister une foule de pauvres pendant la dernière disette qui affligea la France ; et qu'enfin il se propose de former, à ses frais, des établissemens de soupes économiques dans les quartiers les plus populeux de cette grande cité.

Le mémoire du C.en *Grignet* était bien digne, par son objet, d'appeler l'attention du Ministre ; mais avant de prendre un parti, il a cru devoir consulter le comité général de bienfaisance, qui m'a chargé d'examiner jusqu'à quel point les diverses propositions de l'auteur étaient admissibles, et immédiatement utiles au soulagement de la respectable indigence.

Pour seconder les vues du Ministre et mettre le comité à portée d'avoir un avis, je me suis livré à quelques recherches, et j'ai entrepris une suite d'expériences dont je me borne à présenter ici les principaux résultats.

J'ai pensé qu'il fallait d'abord constater l'analogie du riz et de l'orge mondé, d'après un examen de leurs parties constituantes ; connaître ensuite quelles seraient les circonstances impérieuses où la substitution proposée deviendrait indispensable, et si, sous les rapports de la nourriture, il y aurait un avantage réel de préférer l'un à l'autre dans tous les cas. Au reste, j'observe au comité que je n'ai rien oublié pour apprécier à sa juste valeur une préparation qui jusqu'à présent ne s'est exécutée que chez l'étranger, et qu'il paraît possible de pratiquer en France avec d'autant plus de succès que le grain dont il s'agit est cultivé dans tous les départemens de la République, et forme souvent l'unique ressource alimentaire de plusieurs de leurs habitans.

DU RIZ.

Ce grain, l'une des plus riches productions de l'Égypte, tient le premier rang dans les régions de la terre où on le cultive, comme le froment et le seigle, en Europe. Récolté à son point de maturité et dans un temps bien sec, il peut se conserver long-temps en bon état, et braver les voyages de long cours, pourvu néanmoins qu'il soit à l'abri de l'humidité et de la voracité des animaux.

Mais le riz, quoique recommandé par le mérite de naître loin de nous, n'a pas obtenu tous les suffrages : si quelques auteurs ont prétendu que ce grain renfermait sous un petit volume beaucoup de parties nutritives, qu'à raison de la facilité de son transport et de sa conservation, il était parmi les farineux le plus digne de nos hommages et de nos soins; d'autres écrivains, non moins exagérés, mais dans un sens contraire, ont contesté au riz tous les avantages que les premiers lui attribuaient; ils ont même essayé de prouver qu'il ne devait sa propriété alimentaire qu'aux substances qu'on fait entrer dans sa préparation pour en former un comestible, en ajoutant qu'il semblait appeler la faim au lieu de la chasser.

C'est pour fixer les idées sur ces deux opinions diamétralement opposées, que j'ai cru devoir analyser, en 1773, le riz comparativement aux autres grains de la famille des graminées. Il résulte de cette analyse, faite dans un temps où la chimie n'avait pas encore pénétré dans l'atelier du meunier et du boulanger, que le riz mis sous la meule se réduit dans sa totalité à une farine comparable à l'amidon pour la blancheur seulement; car il n'en a ni la ténuité, ni le cri, ni le toucher. Projeté sur le feu, il pétille, s'enflamme de la même manière, et laisse pour résidu un petit charbon : la gomme arabique produit un effet semblable.

Délayée dans l'eau froide, la farine de riz se précipite au bout d'un certain temps, et ne s'y dissout que quand ce fluide est chauffé au degré de l'ébullition : alors elle forme une gelée moins transparente que celle de l'amidon. La farine de riz, mise en pâte avec de l'eau, et malaxée un certain temps, n'offre pas les phénomènes de la farine de froment traitée de cette manière ; elle prend facilement de la retraite, et peut se mouler comme le plâtre : c'est ainsi que les Chinois s'en servent pour différens usages.

Décomposé par la distillation à feu nu, le riz ne fournit pas autant de produits huileux et salins ni d'esprit ardent dans la chaudière du bouilleur, que le blé ; circonstances qui sont la preuve la plus évidente que ce grain, sous le même poids et le même volume, ne renferme pas autant de matière nutritive.

L'impossibilité de séparer de la farine de riz un atome de gluten analogue à celui du blé, explique le défaut de succès des tentatives essayées jusqu'ici pour la transformer en pain. C'est donc une véritable chimère que de vouloir la soumettre à cette forme, puisque, mêlée en nature, ou cuite en diverses proportions avec la farine de froment, elle rend le pain qui en résulte, compacte, fade, indigeste, et susceptible de durcir. Tous ceux qui ont prétendu le contraire, prouvent qu'ils ne connaissent nullement la théorie de la panification ; qu'ils ignorent que dans toutes les contrées où l'usage du pain est inconnu, et où le riz en tient lieu, on se borne à déterminer le ramollissement et le gonflement de ce grain, en l'exposant à la vapeur de l'eau bouillante, et à le manger sous cette forme concurremment avec les autres mets qui composent le repas de tous les jours.

Il y a tant de moyens d'employer ce grain plus efficacement, qu'on peut, sans regret, abandonner l'espérance de le faire servir à cet usage.

Tous ces faits, et tant d'autres qu'il serait superflu de rapporter ici, m'ont donné le droit de conclure que, quoique le riz ne soit nullement propre à se convertir en pain, il renferme cependant le principe alimentaire par excellence, l'amidon, lequel, combiné dans l'état de solution avec un mucilage, et desséché brusquement à l'instant de la maturité par l'action du soleil, forme un grain dur, cassant, transparent et corné en quelque sorte : or, en rangeant le riz entre l'amidon et la gomme, je crois lui avoir assigné sa véritable place. Il partage les propriétés communes à ces deux substances muqueuses, et n'en est séparé que par quelques légères différences.

Sans chercher à diminuer les éloges prodigués au riz, il paraît certain que si on voulait comparer les travaux que demande la culture de ce grain avec ceux du blé, on verrait que l'humidité fangeuse au milieu de laquelle il germe, croît et mûrit, ne respecte pas davantage son organisation que celle des autres grains. D'abord cette plante ne prospère qu'au 48.ᵉ degré; il lui faut des étés chauds, un grand soleil, et un sol susceptible d'être inondé à volonté : à peine est-il déposé dans la cavité qui doit lui servir de berceau, qu'il est déjà menacé par les animaux.

Échappe-t-il à la rapine des oiseaux, des rats et des insectes, les accidens et les maladies l'assiégent de toutes parts; une surabondance de suc nourricier le rouille : un coup de vent fait ployer sa tige; les pluies, accompagnées d'orages pendant la floraison, délayent et entraînent les poussières fécondantes; la grêle hache les panicules; les plantes parasites l'énervent; enfin, pour abréger, l'attente du cultivateur de riz est aussi souvent trompée que celle du cultivateur de froment.

On ne peut se dissimuler, en effet, que les hommes

qui font du riz leur nourriture fondamentale, ne soient exposés comme nous à des disettes qui les forcent aussi de recourir à des supplémens; et dans le temps même où des écrivains, dirigés par l'esprit de système, affirmaient que chez les peuples qui vivent de riz, il n'y avait à redouter ni famine ni monopole, tout le Bengale, qui n'a pas d'autre aliment, perdait un tiers de ses habitans par l'influence de ces deux causes.

Ne soyons donc plus étonnés si la culture du riz aux îles de France et de Bourbon se resserre tous les jours, et si on donne la préférence au maïs, au manioc, au combard et aux patates, par la raison qu'il faut à ces diverses plantes moins d'eau, et que d'ailleurs leur succès est plus assuré.

Indépendamment de toutes les variétés de riz que l'on cultive, savoir, le blanc dont le grain est très-fin, le jaune, le barbu, le long, le rond, nous en possédons une autre espèce, appelée vulgairement *riz de Chine*, ou *riz perenne*, *riz des montagnes.* Il aime, ainsi que toutes les autres espèces, les terrains humides; mais, comme elles, il n'a pas besoin de la submersion : c'est sans doute à cette dernière qualité qu'il faut attribuer toutes les tentatives imaginées pour l'admettre au nombre de nos cultures indigènes. Cependant tout ce qui a été dit à cet égard, n'est ni clair ni positif; il est toujours question du riz sec, et on ne cite aucune expérience qui puisse justifier ses avantages. Mais au lieu de s'occuper aussi sérieusement qu'on le fait de l'introduction d'un grain qui n'a encore prospéré que dans les livres, pourquoi ne pas concentrer nos soins et nos moyens sur celles des productions qui conviennent le mieux au sol, au climat et à nos habitudes? Ne serons-nous donc étrangers que pour nos propres richesses?

Les végétaux sont assujettis à des accidens qui dérangent et détruisent même leur organisation. Ils ont, comme les animaux, et leurs maladies et leurs insectes : le riz est donc soumis à cette loi générale; mais il a encore un danger réel qu'il ne partage avec aucune autre production alimentaire; cette plante, étant véritablement aquatique, est reconnue pour être préjudiciable à la santé et à la population.

Un particulier ayant établi dans le ci-devant Bugey des rizières, les fièvres intermittentes, les cachexies, les hydropisies et les obstructions qu'elles occasionnèrent, répandirent un tel effroi parmi les habitans, que l'auteur qui avait provoqué ces établissemens fut obligé de s'évader pour se soustraire à la fureur publique. On ne saurait donc trop applaudir à la sagesse éclairée des magistrats, qui ont réuni tous leurs efforts, soit pour interdire la culture du riz dans les cantons où son succès pouvait amener tous les dangers qui l'accompagnent, soit pour la reléguer dans les lieux éloignés des grandes habitations.

Mais l'orge proposée pour suppléer le riz n'est ni aussi difficile dans le choix du sol, ni aussi dangereuse dans sa culture. Elle est bien de tous les moyens de nourrir le plus économique, pourvu toutefois qu'on la soumette à la préparation que sa texture organique semble indiquer. Arrêtons-nous sur ce point.

DE L'ORGE.

DANS les pays à brasserie, l'orge est, après le froment et le seigle, le grain qu'on cultive avec le plus de soin. Elle fut l'un des premiers alimens du genre humain ; et c'est, à ce qu'il paraît, par sa culture qu'on commença les défrichemens ; car dès la plus haute antiquité, on en distinguait plusieurs variétés. L'orge d'hiver et l'orge d'été étaient connues. Les Espagnols n'oublièrent point de la porter au nouveau monde, en échange du maïs, dont ils enrichirent l'Europe. Cultivée avec soin, l'orge est tellement productive, que malgré l'énorme consommation qu'en font les Anglais, c'est le seul grain qu'ils puissent exporter.

On compte quatre espèces d'orge cultivées, qui ont chacune leurs variétés ; mais il existe, à cet égard, une telle confusion, même dans les ouvrages qui jouissent d'une certaine réputation, que je crois qu'une notice à ce sujet ne peut être inutile.

La première est l'orge ordinaire, *hordeum vulgare*, dont la variété nue est une des moins communes parmi les variétés des autres espèces qui n'ont point d'écorce.

Il existe une autre variété peu commune, dont les grains sont noirs et la plante bisannuelle ; mais si elle était en effet pourvue de cette qualité, ce serait une espèce peu utile à cause de la durée de sa culture.

L'escourgeon, *hordeum exastichon*, est la véritable orge à six pans : sa forme est cylindrique, et non pas carrée comme celle que nous cultivons; alors chaque rangée de grains est également éloignée de la circonférence.

La troisième espèce est l'orge à deux rangs, *hordeum distichon*, fort cultivée en Angleterre. Elle sert, de préférence, à la préparation de l'orge mondé et perlé; elle a l'écorce mince : c'est l'orge à long épi des Anglais; c'est une excellente espèce.

Il y a de celle-ci la variété nue, qui est très-estimable et la plus cultivée; c'est le *sucrion*.

La quatrième espèce, *hordeum zeastichon*, l'orge éventail, le riz d'Allemagne. Son écorce est assez épaisse, sa paille est dure; mais elle est excellente pour les potages; sa saveur est la meilleure. On en fait d'excellente bière.

Il faut convenir que malgré les écrits publiés sur l'orge, l'espèce, ou la variété la plus propre à chaque canton, à chaque climat, à chaque terroir, n'est pas encore suffisamment connue. J'aurais desiré suivre la chaîne des variétés que présente cette plante, indiquer celle qui mérite le plus, par sa qualité et par sa production, d'être adoptée; enfin, montrer à quel usage telle ou telle espèce doit servir de préférence : mais ces expériences demanderaient à être faites en grand; elles ne manqueront pas de fixer un jour l'attention de quelques agronomes.

En attendant ce travail important, l'espèce qui

mérite le plus d'être propagée sur le sol de la République, est, suivant mon opinion et celle de mes collègues du conseil d'agriculture, la variété nue de l'espèce distichon. Elle double la meilleure récolte de l'orge. La paille en est moins dure que l'autre, et les vaches la mangent avec plus d'avidité. Aucun pied ne donne moins de deux tiges, et la plupart trois à quatre. Sur chaque épi on trouve depuis 60 jusqu'à 90 grains; ils sont plus gros, plus alongés que ceux des autres espèces et variétés ordinaires. Le seul défaut qu'on pourrait lui reprocher, si c'en est un, c'est que la farine en est plus bise : mais qu'importe pour l'orge mondé ou grué plus ou moins de blancheur, pourvu que le grain se gonfle, qu'il absorbe une grande quantité d'eau, et reste entier après la cuisson. Voilà le but auquel il faut atteindre.

L'étude particulière que j'ai faite de la nature des parties constituantes des farineux, ainsi que des phénomènes qui s'opèrent pendant leur conversion en pain, m'a convaincu plus d'une fois, que l'orge était de toutes les semences céréales, celle qui avait le plus d'analogie avec le riz. A la vérité celui-ci a une transparence et un état corné que n'a pas l'autre; mais ils se comportent tous deux de la même manière, lorsqu'il s'agit de les combiner avec l'eau, et d'opérer leur cuisson, ou de les soumettre à la panification.

Les auteurs qui prétendent qu'on faisait autrefois du pain très-bon avec la fleur de la farine d'orge; que c'était une nourriture assez commune chez les

Athéniens et dans les autres états les plus riches et les plus puissans de la Grèce, ont confondu sans doute la galette avec le pain : ou bien cet aliment était alors très-imparfait ; car la fermentation développe dans les parties constituantes de ce grain une saveur âcre, un état tellement grossier et compacte, que l'aliment qui en résulte a un aspect désagréable.

En effet, de quelque manière que l'orge soit moulue et blutée, le pain est toujours rougeâtre et serré ; sa mie n'est ni flexible, ni spongieuse; à peine conserve-t-il, peu de temps après la cuisson, cette qualité qui appartient au pain frais, celle d'être tendre et moelleuse au sortir du four. Un pareil pain n'est donc tolérable que dans une circonstance qui ne laisserait pas la faculté de s'en procurer d'autre. On est trop heureux alors que les substances destinées à remplacer celles auxquelles on est habitué, ne renferment rien de mal-sain.

On a proposé, et on propose encore journellement, une foule de recettes pour introduire dans le pain de froment, dans le pain de seigle et dans le pain de méteil, une foule de substances diamétralement opposées à l'état panaire : ce sont de simples tentatives du moment, plus curieuses qu'utiles; leur défectuosité s'aperçoit bientôt, lorsqu'on veut en faire l'application à la subsistance fondamentale de tout un canton pendant une décade. Je ne m'arrêterai pas à les décrire, car il faudrait en faire la critique ; je profiterai seulement de la circonstance, pour avertir que le pain mélangé de farine de froment et de riz, n'est nullement économique ; qu'il faut consommer ce dernier grain en substance, comme aussi tous les fruits de la famille des cucurbitacées, les racines charnues et autres matières végétales qu'on s'obstine, malgré la nature, à vouloir transformer en pain, sans calculer le temps, l'embarras, la dépense, sans apprécier la ressource et même l'existence du supplément proposé. L'expérience et la raison ont fait voir suffisamment que beaucoup de ces pains reviendraient plus cher que s'ils étaient composés de farine pure de froment ; et qu'ils nourrissent un tiers moins.

C'est donc toujours contre le vœu de la nature qu'on s'obstine à vouloir soumettre les farineux indistinctement à une seule et même préparation : mais il faut à l'homme sa nourriture habituelle, sous la forme accoutumée, quel qu'en soit l'état grossier, substantiel et désagréable ! Telle est la manie du jour, de tout convertir en pain ; on croirait n'être pas nourri sans cet aliment !

Il n'y a absolument que le froment et le seigle qu'on puisse convertir en véritable pain ; et ceux qui subsistent de cet aliment, ne doivent pas négliger la culture de ces deux grains, sur-tout quand le sol y est propre, et que le produit dédommage des frais : les autres semences farineuses ne devraient servir de nourriture que sous la forme de *gruau* ou de *polenta*.

DE L'ORGE MONDÉ.

TOUS les arts ont eu leur enfance ; et le procédé le plus simple aujourd'hui, était autrefois très-compliqué. Qui aurait cru, par exemple, qu'un jour l'orge revêtue de deux écorces, s'en trouverait tout-à-fait dépouillée sans perdre de sa texture, et qu'on parviendrait à lui donner une forme ronde pour obtenir ce qu'on appelle vulgairement *orge mondé, orge perlé.*

Nous ignorons si l'art de monder l'orge est généralement pratiqué en France ; mais ce qu'il y a de constant, c'est que nous tirons de l'étranger la plus grande partie de ce que nous en consommons.

Voici cependant le moyen de monder l'orge dans le département du Jura et dans la ci-devant Franche-Comté, que je tiens d'un voyageur qui a parcouru avec fruit ces différentes contrées.

Il faut avoir de l'orge nue ou commune, très-sèche; on en prend 19 kilogrammes 58 décagrammes à 24 kilogrammes 48 décagrammes [40 à 50 livres], qui soit bien passée au crible; on la verse ensuite sur un plancher, et on l'asperge pour l'humecter, en observant qu'elle le soit également. Si, pendant le travail, on s'apercevait que le grain ne fût pas assez mouillé, il faudrait l'humecter de nouveau : cette opération faite, on verse l'orge dans la *ripe,* qui est une auge de forme circulaire, dans laquelle il y a une meule de champ de 975 millimètres [3 pieds] de diamètre, sur 325 millimètres [un pied] d'épaisseur. Devant cette meule il y a un petit balai, qui pousse toujours le grain dessous ; et sur le derrière se trouve un petit rateau pour remuer le grain. La meule est mise en mouvement, ou par un cheval, ou par une chute d'eau.

PROCÉDÉ usité en Saxe pour monder l'Orge.

ON prend 146 kilogrammes 85 décagrammes à 195 kilogrammes 80 décagrammes [3 à 400 livres] d'orge bien sèche, bien nettoyée et purgée de tout corps étranger. On a soin de la bien humecter également: après cela, on la relève en tas et on la couvre avec des toiles pendant l'espace de sept à huit heures, pour que l'humidité soit distribuée également à la surface, et qu'elle n'entre point dans le centre du grain. On verse cette orge dans la trémie du moulin.

Les meules ont 1 mètre 137 millimètres [3 pieds et demi] de diamètre, sur 325 millimètres [1 pied] d'épaisseur. (La qualité de la pierre est pleine et tendre, tirant sur le noirâtre.) Elles sont rayonnées, et les rayons sont de 81 millimètres en 81 millimètres [3 pouces en 3 pouces] ; elles sont piquées très-vif : le rayon est de 27 millimètres [1 pouce] de large, et creusé de 5 à 7 millimètres [2 à 3 lignes].

La meule gisante est repiquée de la même manière que la meule courante. Il faut que celle-ci soit mise en équilibre, de manière qu'elle n'ait pas plus de poids d'un côté que de l'autre, et afin qu'elle tourne parfaitement bien. Il faut aussi que le palier sur lequel repose le fer, soit élastique, ou qu'il fasse ressort.

Les archures qui renferment les meules, sont des tôles piquées en râpe. Il y a 81 millimètres [3 pouces] de distance de la râpe à la meule courante.

On adapte deux petits balais à la meule, afin de ramasser le grain, qui se range dans le pourtour. La vîtesse de la meule est de 100 à 125 tours par minute.

On a soin de tenir la meule courante élevée de manière qu'elle ne fasse que rouler le grain, afin de lui ôter la pellicule et de casser ses deux extrémités.

La râpe sert à enlever le reste de la pellicule, s'il y en a. L'orge tombe par l'anche dans un crible ou ventilateur, que l'on nomme communément *tarare*, pour prendre toute la pellicule.

Cette opération faite, les grains doivent être entiers ; s'il s'en trouve d'écrasés, c'est un défaut de manipulation.

Sur 48 kilogrammes 95 décagrammes [100 livres] d'orge, on en obtient à-peu-près 29 kilogrammes 37 décagrammes à 39 kilogrammes 16 décagrammes [60 à 80 livres] de mondé ; le reste est en son.

Il est aisé de juger, d'après cette courte description, que, pour monder l'orge, il faut nécessairement se servir de meules d'un diamètre moins considérable que pour les moulins ordinaires, et avoir l'attention de mouiller méthodiquement le grain, afin de préparer l'écorce à se détacher avec plus de facilité du corps farineux auquel elle adhère fortement.

Le

Le mouillage des blés, de ceux sur-tout connus sous les noms de *blés durs*, de *blés glacés*, a déjà été l'objet de mes recherches sur la perfection de la mouture. En effet, pour bien moudre, il faut que le grain conserve une portion d'humidité, sans laquelle la totalité du grain se pulvérise au même degré, occasionne beaucoup de déchet. Le son, ainsi divisé, passe à travers les bluteaux les plus serrés, se mêle à la farine ; d'où résulte un pain extrêmement bis. J'apprends, avec plaisir, que c'est en mettant en pratique cette opération, que les Français sont parvenus, en Égypte, à améliorer la qualité de leur aliment principal.

Peut-être dans nos départemens méridionaux, où l'on serait à portée d'avoir de l'eau en abondance, on devrait ne pas se borner à arroser les grains ; il conviendrait de les laver, sur-tout s'ils sont recouverts de poussière : vingt-quatre heures après, la meunerie en retirerait une plus belle farine, et la boulangerie une plus grande quantité de meilleur pain. Mais dans l'un et l'autre cas, cette opération ne doit avoir lieu qu'autant qu'on est assuré de jouir du moulin un ou deux jours après ; car le blé, ainsi imprégné d'une humidité étrangère, courrait les risques de se détériorer d'autant plus promptement, qu'il serait entassé en masses considérables : d'ailleurs, la farine qui en résulte n'est jamais de garde.

D'après cette remarque, nous croyons que, vu la nécessité où l'on est de mouiller l'orge avant de l'envoyer au moulin pour la monder, on doit avoir la précaution, dès que l'opération est terminée, d'exposer à l'air ce grain, sans quoi il ne manquerait pas de contracter, au bout de quelques jours, dans le sac où on le renfermerait trop tôt, une odeur désagréable et un goût de moisi.

DE L'ORGE PERLÉ.

PARMI les divers moyens que l'art a imaginés pour dépouiller l'orge de toutes ses parties corticales, il n'y en a point dont le succès ait été plus complet que celui qui donne à ce gruau la forme sphérique et la surface polie d'une perle; ce qui lui a fait donner son nom d'*orge perlé*.

Les Hollandais ont été autrefois la seule nation qui préparât l'orge mondé et perlé : ils le transportaient ensuite chez tous les peuples. Il paraît que cette préparation s'exécute aujourd'hui dans plusieurs cantons de l'Allemagne. Voici le procédé qu'en a décrit *Rozier* dans son Cours d'agriculture, à l'article *Orge*. Je n'assure pas que ce soit celui du C.[en] *Grignet*, qui aura toujours à nos yeux le mérite d'avoir provoqué l'attention du Gouvernement sur cette branche de nos ressources alimentaires.

« Si on veut avoir une idée de l'opération, qu'on » se représente un moulin à blé ordinaire avec ses » deux meules, celle de dessous fixe et celle de » dessus mobile et tournant horizontalement. Il n'est » pas nécessaire qu'elles soient de pierre, mais de bois

» seulement. La meule supérieure ne diffère de celle du blé, que par des cannelures en quart de cercle, pratiquées en dessous, au nombre de six ou de huit, suivant la largeur de la meule : elles sont moins creusées à l'angle, et leur profondeur est de 54 millimètres [2 pouces] à l'extrémité. A la place du bois ou caisse dans laquelle la meule tourne, sont placées des râpes en tôle, contre lesquelles l'orge est sans cesse poussée par le courant d'air qu'impriment les cannelures, et qui est attiré de l'ouverture centrale de la meule jusqu'aux râpes. Par ce mouvement centrifuge, le grain est sans cesse poussé contre les râpes : son écorce s'use ; ensuite les angles de la partie farineuse sont emportés ; enfin peu à peu le grain s'arrondit. Pendant cette rotation soutenue, la farine et une grande partie des débris de l'écorce passent à travers les trous des râpes, et sont reçues dans un encaissement circulaire et en bois, fermant exactement, d'où on les retire après l'opération. Dans d'autres moulins on se contente de placer une toile grossière et épaisse tout autour des râpes, et de laisser un espace de 54 millimètres [2 pouces] entre les râpes et la toile; mais cet espace est exactement fermé pardessus. Cette toile reçoit la farine et les débris, et les laisse tomber doucement dans le coffre, auquel elle répond. Lorsque le grain est censé avoir acquis sa forme ronde, on ouvre une petite porte ménagée dans les râpes. Cette porte correspond à un grand

» sac; et la farine et les débris de l'écorce qui restent,
» ainsi que l'orge perlé, sont entraînés dans cette
» ouverture par le mouvement centrifuge : on porte
» ensuite ce mélange dans différens blutoirs, qui
» séparent le grain, la farine et le son. Ces der-
» niers servent à la nourriture des bestiaux, de la
» volaille, &c. »

PROCÉDÉ usité en Allemagne pour faire l'Orge perlé.

LES meules ont 975 millimètres [3 pieds] de diamètre environ ; elles sont rayonnées : chaque rayon a 41 millimètres [18 lignes] de large à l'extrémité de la meule, et vient à rien au point du centre. La distance de chaque rayon est de 16 en 16 centimètres [6 en 6 pouces] à l'extrémité de la meule. L'intervalle de chaque rayon est repiqué très-vif.

La meule courante est montée de manière à tourner très-rond ; et le latier, qui supporte le fer, fait ressort, afin que la meule se soulève lorsqu'elle est surchargée de grains.

Il faut, autant que possible, que la meule ait de 33 à 41 centimètres [12 à 15 pouces] d'épaisseur.

Les archures sont en bois, et il y a des plaques de tôle, piquées en râpes, qui sont clouées sur l'archure. Dans l'intérieur, on compte environ 11 centimètres [4 pouces] de distance de la meule à la râpe.

On adapte à la meule courante deux petits balais,

afin de faire rouler le grain qui se trouve déposé au pourtour.

On prend environ 12 kilogrammes 24 décagr. à 14 kilogrammes 69 décagrammes [25 à 30 livres] d'orge mondé, qu'on verse dans le trou de la meule, avec la précaution de boucher l'anche afin qu'il ne puisse rien sortir du dessous ni du pourtour des archures.

On met ensuite la meule en mouvement. Sa vîtesse est de quatre-vingt-dix à cent tours par minute. Il faut avoir soin de tenir la meule levée, de sorte qu'elle ne fasse que rouler le grain, afin de le perler. Avec un bon moulin, 48 kilog. 96 décag. [100 livres] d'orge peuvent donner, par heure, 24 kilog. 48 décagrammes à 29 kilogrammes 37 décagrammes [50 à 60 livres] d'orge perlé; le reste est en issues.

Ce travail dure dix à quinze minutes; et l'homme qui conduit, a soin d'examiner si l'orge est assez perlée. Lorsqu'il la juge arrivée à son degré de perfection, il débouche l'anche ou trou par où sort le grain; il le ramasse et passe dans un crible afin d'enlever la pellicule, s'il en reste; il porte cet orge perlé dans un second moulin, qui a les mêmes dimensions que celui-ci, excepté que les meules sont en liége. C'est là que l'orge reçoit son poli. Avec un bon moulin, 48 kilogrammes 96 décagrammes [100 livres] d'orge peuvent donner, par heure, 24 kilogr. 48 décagr. à 29 kilogr. 37 décagr. [50 à

60 livres] d'orge perlé, le reste est en issues. Nous ajouterons à cette description quelques observations.

Il n'est pas douteux que l'opération qui donne à l'orge les diverses formes sous lesquelles ce grain est d'un usage plus ou moins fréquent dans certains cantons, que cette opération ne puisse être applicable aux autres semences farineuses, même aux légumineuses. Le C.en *Grignet* m'a montré des pois et de grosses féves mondés ainsi de leur première écorce; or, si le moyen qu'il emploie n'augmente pas considérablement le prix de ces semences légumineuses, j'ose croire qu'il ne devrait pas être dédaigné, puisque souvent on est forcé, pour ne pas renoncer à leur usage, de les réduire à l'état de purée.

On lit dans la Feuille du commerce du 14 prairial, article *Londres*, qu'on vient de découvrir, en Angleterre, un procédé pour enlever la première pellicule du blé avant de l'envoyer au moulin; ce qui produit une plus grande quantité de farine, et une économie considérable de temps, puisque deux meules peuvent moudre deux fois autant et plus que trois : mais je dois revendiquer cette découverte, si c'en est une, en faveur de la France. Et en effet, dans le compte rendu à l'ancienne société d'agriculture de Paris par le C.en *Lefevre*, le C.en *Desmarets*, membre de l'Institut national, qui a rendu des services importans aux arts de premier besoin, présente une notice conçue ainsi, *Description des moulins pour perler ou monder l'orge, le froment et l'avoine, avec trois planches en dessin seulement;* ouvrage achevé.

Dès l'an 3, le C.en *Ovide*, sans contredit l'un de nos plus habiles meuniers, alors directeur des moulins à feu de l'île des Cygnes, annonça aussi qu'il possédait un moyen facile et assuré de perler toute espèce de grains, et de leur enlever les premières et les secondes pellicules, sans leur rien faire perdre de leur forme. Le résultat de ses expériences forme le troisième des tableaux insérés dans l'Encyclopédie méthodique, au mot *Farine*.

A la vérité, sans examiner la découverte prétendue des Anglais, on ne devine pas trop son objet, ni les motifs d'une pareille opération. Quels seraient réellement les avantages qui pourraient résulter de séparer les écorces du blé avant sa conversion en farine, puisqu'on est parvenu, à la faveur de la mouture économique, à ne pas laisser un atôme de son dans les farines, et *vice versâ !*

Mais c'est particulièrement pour le sarrasin que le moyen dont il s'agit serait d'une grande utilité; car on connaît les inconvéniens de son épaisse enveloppe, qui, indépendamment de la couleur désagréable qui ternit la blancheur de la farine, ajoute à l'aliment qu'on en prépare, une amertume insupportable. Le savant et vertueux *Malesherbes* m'avait assuré, au retour de ses voyages en Helvétie, que dans le nombre des machines utiles recueillies dans ses excursions philosophiques, il comptait un modèle de moulin, propre à séparer l'écorce du blé noir de sa farine, et le C.[en] *Desmarets*, dans l'ouvrage déja cité, annonce encore la description des moulins et blutoirs qui servent à la mouture du sarrasin, ou blé noir bouqueté, avec quatre planches qui sont gravées. Nous desirerions que le Gouvernement en provoquât la publicité. Enfin on prétend que les Hollandais transportent leur sarrasin, ainsi mondé, dans l'Inde et à la Chine, pour le vendre sous le nom de petit riz européen aux habitans de ces contrées, qui en font le plus grand cas.

EXPÉRIENCES COMPARATIVES DE L'ORGE MONDÉ ET DU RIZ.

AVANT de constater la possibilité d'assimiler l'orge mondé au riz crevé, j'ai pensé qu'il fallait examiner ces deux grains dans les mêmes circonstances; c'est-à-dire, les soumettre l'un et l'autre à une même opération, pour juger ensuite lequel absorbait une plus grande quantité de fluide pendant la cuisson, et quel degré de consistance et de pesanteur ils conservaient respectivement dans l'état chaud et après le refroidissement.

En voici le résultat.

RÉSULTAT *des Expériences comparatives sur la coction de l'Orge et du Riz pris dans différens états.*

	décagr.	liv.	on.	h.	min.
ORGE MONDÉ.					
Quantité.................	24.5	//	8.	//	//
Eau employée dans la cuisson..	220.	4.	8.	//	//
Temps qu'elle a duré.......	....	....		1.	30.
Sa pesanteur dans cet état.....	165.2	3.	6.	//	//
ORGE CONCASSÉ.					
Quantité.................	24.5	//	8.	//	//
Eau employée dans sa cuisson..	171.0	3.	8.	//	//
Temps qu'elle a duré.......	....	....		//	45.
Sa pesanteur dans cet état.....	168.3	3.	7.	//	//
ORGE EN FARINE.					
Quantité.................	24.5	//	8.	//	//
Eau employée dans sa cuisson..	171.0	3.	8.	//	//
Temps qu'elle a duré.......	....	....		//	30.
Sa pesanteur dans cet état.....	168.3	3.	7.	//	//
RIZ ENTIER.					
Quantité.................	24.5	//	8.	//	//
Eau employée dans sa cuisson..	171.0	3.	8.	//	//
Temps qu'elle a duré.......	....	....		//	45.
Sa pesanteur dans cet état.....	135.0	2.	12.	//	//
RIZ CONCASSÉ.					
Quantité.................	24.5	//	8.	//	//
Eau employée dans sa cuisson..	171.0	3.	8.	//	//
Temps qu'elle a duré.......	....	....		//	36.
Sa pesanteur dans cet état.....	144.0	2.	15.	//	//
RIZ EN FARINE.					
Quantité.................	24.5	//	8.	//	//
Eau employée dans sa cuisson..	171.0	3.	8.	//	//
Temps qu'elle a duré.......	....	....		//	30.
Sa pesanteur dans cet état.....	159.0	3.	4.	//	//

Ces expériences, répétées plusieurs fois, ont toujours présenté les mêmes résultats : elles confirment l'observation des brasseurs, qui nous apprennent que de tous les grains qu'ils traitent, il n'y en a point qui consomme plus d'eau au trempoir, qui se renfle davantage, et ait une saveur plus sucrée que l'orge; mais la cuisson qui s'opère sur les grains entiers, et celle qu'ils subissent lorsqu'ils sont plus ou moins divisés, n'offrent pas de différences assez sensibles pour s'y arrêter. Je crois avoir seulement observé que les premiers ont une saveur plus marquée et donnent plus de corps à l'aliment.

Mais si le riz paraît réunir à l'avantage de crever facilement, celui de former dans toutes ses parties un aliment également consistant, l'orge au contraire se laisse plus difficilement pénétrer par l'eau, et en absorbe davantage. Celle-ci, en formant un mucilage avec la portion de farine qui s'échappe de l'intérieur du grain, perd d'autant plus de son énergie, qu'elle en est plus saturée; l'orge, ainsi gonflée, s'écrase entre les doigts, à l'aide d'une légère pression, et garde assez de consistance pour nécessiter une mastication plus longue; vu que chaque grain se trouve plus enveloppé d'une bouillie épaisse, plus muqueuse que celle du riz. Peut-être cette différence est-elle à l'avantage de l'orge, qui est forcée par ce moyen de s'imprégner des sucs salivaires, et d'acquérir dans la bouche une modification qui la dispose favorablement au travail de la digestion.

Quelque facile que soit l'opération d'amener le riz à l'état de riz crevé, la plupart des cuisiniers d'un certain ordre s'y prennent mal pour l'exécuter; ils emploient trop de chaleur, une surabondance d'eau, et se servent d'un vase sans couvercle; d'où il suit que le fluide réduit en vapeur s'échappe sans avoir opéré la plénitude de ses effets, tandis que quand il est fermé et que la chaleur est médiocre, cette vapeur, refoulée sur le grain, en pénètre insensiblement toutes les parties et leur fait occuper plus de place; en quoi consiste ce qu'on appelle improprement *riz crevé.*

Mais le grain, dans cet état de ramollissement et de gonflement, n'est pas encore cuit; il faut que l'eau qui le pénètre de toutes parts, s'y combine au moyen d'une chaleur modérée et soutenue. Cette combinaison devient importante pour produire l'effet alimentaire. C'est ainsi que les substances farineuses, évidemment fades, acquièrent de la saveur sans l'addition d'aucun assaisonnement étranger.

PRÉPARATION de l'Orge mondé et de l'Orge perlé.

LES éloges que les plus grands médecins de tous les temps et de tous les pays ont accordés à l'orge, ne permettent plus de douter de sa salubrité sous quelque forme qu'on en fasse usage, soit en santé, soit en maladie. *Chamousset,* ce philanthrope dont le nom rappelle toutes les vertus patriotiques, et particulièrement celles qui tiennent directement au bonheur des hommes, *Chamousset* n'a rien oublié pour agrandir le cercle des ressources que l'on peut trouver dans l'orge mondé, grué et perlé.

La proposition de substituer l'orge mondé au riz, n'est point une innovation : depuis long-temps, dans plusieurs de nos départemens qui confinent à l'Helvétie, cet usage est connu et adopté. On le mange crevé et cuit avec différens véhicules ; souvent on le prépare avec la viande ; et c'est sur-tout de cette manière qu'il sert dans plusieurs fermes, où les ouvriers s'en trouvent fort bien : mais il ne suffit pas d'insister sur le mérite de la substitution de l'orge au riz, il faut encore indiquer la manière de la préparer convenablement, pour lui donner l'état de riz crevé et de crême de riz.

Nous avons déjà vu que le riz se gonfle plus facilement que l'orge, et qu'il exige moins de temps pour crever ; mais une remarque essentielle, c'est qu'il n'absorbe pas autant d'eau pendant la cuisson. Ces différences, à la vérité, sont trop légères pour ne pas suivre dans la préparation de l'un et de l'autre grain le même procédé : il consiste à prendre l'orge mondé, qu'on a eu soin d'éplucher comme le riz, pour en ôter les petites pailles ou les portions d'écorce que la meule aurait pu laisser. On le lave à l'eau chaude, puis on le met dans un vase couvert, avec un peu de véhicule quelconque, soit du lait ou du bouillon ; on expose le vase à une douce chaleur ; on renouvelle le véhicule. Quand l'orge est crevée, on y en ajoute pour la cuire plus ou moins long-temps : on la mange ainsi; et quand on veut la passer à travers un linge ou un tamis, dans cet état liquide, c'est le *clair d'orge* comparable à la crême de riz.

Quoiqu'il n'existe pas encore une suite d'expériences assez concluantes pour établir le degré de nutrition du riz comparé à celui de l'orge mondé, il n'est pas douteux que ces deux grains, se comportant à-peu-près de la même manière relativement à la quantité d'eau qu'ils absorbent, et à la consistance qu'ils acquièrent pendant et après leur cuisson, la différence à cet égard doive être peu de chose. D'ailleurs, lorsqu'il s'agit de déterminer positivement si un aliment remplit et nourrit davantage que l'autre, il faut un concours de circonstances sans lesquelles on ne peut présenter que des données approximatives.

Cependant, s'il fallait désigner dans le nombre des faits publiés en faveur de l'intensité de nourriture que fournit l'orge mondé apprêté comme le riz, je citerais entre autres les expériences de la C.[ne] *Desmarets*, qui s'est convaincue plus d'une fois que 1 kilogramme 47 décagrammes [3 livres] suffisaient à la subsistance de trois personnes par jour, sans aucune autre espèce d'aliment; et que la même quantité, réduite en farine, sous forme de bouillie ou de pain, est bien éloignée d'opérer autant d'effet.

L'orge, jusqu'à présent, n'a servi dans les hôpitaux que pour en faire la boisson commune des malades, ou l'excipient de quelques médicamens. Sa farine est du nombre de celles dont on prépare les cataplasmes résolutifs : mais ce grain aurait un bien plus grand degré d'utilité, si, après l'avoir mondé, on le substituait au riz dans toutes les circonstances où ce dernier grain est prescrit comme aliment médicamenteux, puisque, employé dans les mêmes véhicules, il opérera un effet pour le moins aussi avantageux.

Dans tous les cas où le riz est distribué aux troupes comme supplément ou augmentation de vivres, l'orge mondé pourrait le remplacer également, puisque ces deux grains forment un aliment qui ne diffère en aucune manière l'un de l'autre. Il serait possible d'en approvisionner les places fortes, où l'on aurait à craindre un siége ou un blocus, et de ne pas recourir à une denrée exotique, souvent fort chère, et qui contracte facilement le goût de poussière.

Un usage plus fréquent de l'orge mondé diminuera dans les villes la consommation du pain, et deviendra, pour les habitans des campagnes, une amélioration dans la qualité de leur aliment principal. La conservation de ce grain ne doit pas être moins facile après avoir été mondé, que quand il est pourvu de son écorce. Si on a eu l'attention, comme nous l'avons déjà recommandé, de l'exposer à l'air pour lui faire perdre l'humidité étrangère à sa constitution : cette partie organique, le germe qui semble se revivifier au retour du printemps, n'est plus à redouter dans ses effets; elle est absolument détruite au moulin :

à la vérité, la farine, moins enveloppée dans l'orge mondé, offre par conséquent plus d'attrait aux insectes ; mais alors il faut renfermer le grain dans des sacs, les placer éloignés des murs, et dans l'endroit le plus frais du bâtiment.

Supposons maintenant que l'expérience de nos voisins et l'analyse n'admettent aucune différence entre le riz et l'orge mondé, soit pour l'agrément de la nourriture et son intensité, soit pour ses effets diététiques, soit enfin pour son prix, on ne peut se dissimuler qu'il y aurait toujours des avantages sensibles à préférer l'emploi d'un grain qui croît parmi nous, et qu'il est si facile de se procurer partout, sans que sa culture puisse jamais entraîner les inconvéniens qui sont les suites inévitables de celle du riz.

Ce sont ces vérités qui ont frappé le conseil de santé, et, dans un rapport qu'il vient de faire au Ministre de la guerre, sur l'orge mondé apprêté sous forme de riz crevé, il a déterminé ce Ministre à en autoriser l'usage graduellement et concurremment avec ce dernier grain, dans les hôpitaux militaires de Paris et de Franciade.

Les mêmes mesures de prudence ont dirigé l'école de médecine de Paris, consultée par le Ministre de l'intérieur, sur l'usage de l'orge mondé pour les hospices de Paris. Les C.ns *Chaussier* et *Deyeux* ont été nommés commissaires ; mais convaincus que, quand il s'agit de prononcer sur la qualité nutritive de telle ou telle substance destinée à remplacer des alimens avec lesquels les organes sont familiarisés, on ne saurait être trop circonspect, ils ont proposé d'administrer l'orge mondé à différentes personnes, et principalement à celles que l'école reçoit dans son hospice. C'est alors qu'ils pourront juger, d'après ses effets, de tous les avantages de sa substitution au riz.

Nous ne parlerons pas des propriétés particulières que le C.en *Grignet* attribue à l'orge mondé, puisqu'il ne cite aucune expérience propre à établir son assertion. Indépendamment de la faculté nutritive qu'il possède à un très-grand degré, on ne saurait disconvenir qu'une nourriture simple et prise en quantité suffisante, quelle qu'en soit la nature, ne puisse contribuer à la force et à la santé de ceux qui s'en alimentent; mais aussi une constitution robuste doit avoir également une très-grande influence sur la nourriture, et approprier même aux organes une infinité de comestibles qui en paraissent éloignés dans l'état naturel. Si dans les premiers jours qu'on en fait usage, il en résulte des effets particuliers dans l'économie animale, l'habitude qu'on en contracte insensiblement, remédie bientôt à ces effets : ainsi tout aliment, pourvu que, dans son espèce, il soit essentiellement de bonne qualité et préparé comme il convient, ne produit plus, au bout d'un certain temps, que l'effet nutritif. Voilà du moins ce que nous apprenons en jetant un regard rapide sur la diversité des alimens et des boissons que le goût ou la nécessité déterminent les

les hommes à employer pour apaiser leur faim ou étancher leur soif.

Cependant, en applaudissant aux avantages de l'orge mondé, nous sommes bien éloignés d'en proposer l'emploi à l'entière exclusion du riz; mais nous observerons que quand il s'agit de grands établissemens, où il se fait une consommation considérable de cet aliment, on ne saurait trop mettre à profit les ressources de l'économie, puisque souvent c'est en épargnant sur des dépenses répétées, minutieuses en apparence, qu'on parvient à satisfaire à tous les besoins et à soulager tous les maux. Il en résultera d'ailleurs un bénéfice manifeste, puisque dans ce moment le riz coûte 90 à 100 francs les 48 kilogrammes 95 décagrammes [le quintal], lorsque pour 25 francs le C.en *Grignet* donnera son orge mondé. Eh! pourrait-on être indifférent au moyen de tarir une source par laquelle s'échappe notre numéraire pour aller enrichir nos ennemis.

On a dit, et on me permettra de le répéter ici, qu'il n'y a point d'inconvénient plus grand pour quelque pays que ce soit, que de ne point récolter sur son territoire les objets de premier besoin, parce que, dans ce cas, on court les risques de n'avoir que des denrées de médiocre qualité, et de ne les recevoir que long-temps après leur récolte, et par conséquent avariées.

Il existe quelques endroits dans nos départemens méridionaux, où l'expérience fait souvent sentir cette vérité; la nourriture des habitans, moins précaire, empêcherait qu'ils ne payassent annuellement à l'étranger un gros tribut pour les subsistances qu'ils en retirent.

Mais, dira-t-on, dès que l'orge mondé sera devenu d'une consommation générale, le prix, auquel on se propose de le donner, ne manquera pas d'augmenter, et alors il se rapprochera de celui du riz. L'expérience prouve absolument tout le contraire : une denrée quelconque n'est jamais à bon compte dans un pays, qu'autant que l'usage en a fait un besoin journalier, parce qu'alors tous les genres d'industrie se portent sur cet objet, et que la concurrence fait le reste.

Le prix ordinaire de l'orge suit communément le cours des autres grains : quand le blé est à 24 francs l'hectolitre [le setier], la même mesure d'orge vaut à-peu-près la moitié. Voici ce que coûtent aujourd'hui dans le commerce des détailleurs de Paris, l'orge et le riz :

Prix de l'orge..	mondé, la livre....	0f 25c	″l 5s
	perlé, *idem*.......	0. 80.	″ 16.
	en farine, *idem*.....	0. 25.	″ 5.
Prix du riz....	entier, *idem*.......	0. 99.	1. ″
	en farine, *idem*.....	1. 19.	1. 4.

Or, en supposant que pour amener ce dernier grain à l'état d'orge mondé, les frais de main-d'œuvre et le déchet soient plus considérables que ceux de la mouture, à raison de la soustraction d'une portion de farine et du temps plus long pour l'opérer; il n'est guère possible d'imaginer que les 25 francs auxquels le prix des 48 kilogrammes 95 décagrammes [le quintal] est porté, ne diminuent encore par la suite, lorsque la culture de l'orge aura reçu de l'extension, et que les moyens pour l'ouvrager, s'il est permis de s'exprimer ainsi, seront perfectionnés et multipliés.

Après avoir exposé les avantages de l'orge mondé ou perlé substitué au riz, il conviendrait d'examiner ce grain réduit à l'état de gruau, pour en préparer des potages non moins utiles pour la santé et pour l'économie.

Mais sous le nom générique de gruau, on comprend assez ordinairement les semences farineuses divisées grossièrement par les meules, et purgées plus ou moins complétement de leur enveloppe corticale. La manière de s'en servir aujourd'hui, tient encore au premier usage que l'on fit des farineux : elle consiste à les délayer et à les cuire dans un véhicule approprié; d'où résulte, toutes choses égales d'ailleurs, un potage, pour le goût et pour l'aspect, différent de celui qu'on obtiendrait du même grain, si, au lieu de le concasser, on le réduisait à l'état de farine; cette différence dans la qualité du mets dont il s'agit, s'explique aisément.

On croit toujours que l'art de moudre n'opère aucune décomposition dans les substances végétales qui en sont l'objet; cependant, ce qui vient d'être remarqué, et les observations que j'ai été à portée de faire sur les effets de la mouture économique, ne prouvent que trop que le blé, en passant sous les meules, subit à chaque fois un commencement d'altération, qui paraît s'exercer particulièrement sur le principe de la sapidité.

Nous ne pouvons douter que cette remarque ne soit saisie dans la préparation de nos potages les plus estimés. La semoule, qui n'est que le grain ou l'amande du froment qui a subi une première mouture, étant cuite avec un fluide quelconque, a plus de goût et un aspect autre que la même semoule réduite à l'état de farine et préparée de la même manière.

Autrefois les boulangers de Gonesse employaient à la fabrication de leur pain les gruaux bruts de froment; mais dès la veille de la fournée, ils avaient soin de les mouiller pour les disposer à l'opération du pétrissage.

C'est en Helvétie et en Allemagne que sont en faveur les potages à l'orge mondé, grué et perlé. On les prépare avec un fluide approprié selon les circonstances, les ressources locales et les facultés des consommateurs: tantôt le lait, le bouillon ou la bière leur servent d'excipient; tantôt c'est l'eau simplement assaisonnée avec un peu de beurre; mais il faut pour tous une longue cuisson, sans quoi le comestible conserve une saveur et une odeur désagréables de colle farineuse.

On sait que les graines légumineuses sèches ne

perdent ce goût de verdeur, ce goût sauvageon qui leur appartiennent, que par une longue cuisson à grande eau : aussi toutes les recettes de pain dans lesquelles on fait entrer de la vesce, des lentilles et des pois de champs, ne présentent-elles que des résultats défectueux, parce que l'eau qui constitue la pâte est insuffisante pour leur enlever ce mauvais goût que la fermentation développe encore davantage; il vaut donc mieux les consommer comme légumes, quand elles sont la seule ressource alimentaire du canton, ou qu'il est nécessaire d'en suppléer une autre.

On ne saurait employer non plus trop de soins pour séparer de l'orge, dans l'opération qui monde ce grain, la totalité de l'écorce qui se trouve dans la rainure, sans quoi elle nage dant la soupe, adhère au palais, se mêle dans les dents, et devient très-désagréable pour les organes de la mastication.

Quelquefois une réflexion en amène une autre. Ce rapport ayant pour objet de développer les avantages de l'orge, je crois pouvoir assurer que ce grain peut avantageusement en remplacer d'autres. Dans le nombre, j'en citerai un qu'il faudrait supprimer ou diminuer infiniment, parce qu'il contient fort peu de matière farineuse et beaucoup d'écorce; c'est l'avoine, déjà remplacée dans beaucoup d'endroits par l'orge, qui procure une nourriture plus abondante, soit pour l'homme, soit pour les animaux, et dont la valeur dans le commerce est toujours supérieure à celle de l'avoine, sans compter que toutes les fraudes mises en usage pour donner à ce grain, aux dépens de ses qualités intrinsèques, une belle apparence marchande, sont impraticables pour l'orge : mais sa réputation comme gruau est trop bien établie, pour ne pas en faire mention dans un mémoire consacré à apprécier à leur valeur quelques-unes de nos productions nationales.

DE L'AVOINE GRUÉE.

DANS la ci-devant Normandie et la Basse-Bretagne, les habitans des campagnes font avec le gruau d'avoine, des soupes excellentes. Nos ancêtres, au rapport de *Pline*, vivaient de bouillie préparée avec la farine de ce grain. Voici de quelle manière on obtient ce gruau.

On prend ordinairement de l'avoine blanche qu'on fait sécher au four; lorsqu'elle l'est suffisamment, on la vanne, on la nettoie, et on la porte au moulin dès que les meules sont fraîchement piquées. Le meunier a soin de les tenir un peu éloignées, afin qu'elles n'écrasent pas le grain, et que celui-ci conserve la forme de riz; par ce moyen elles enlèvent la totalité de la pellicule : 48 kilogrammes 95 décagrammes [100 liv.] d'avoine ne donnent guère au-delà de 24 kilogrammes 48 décagrammes [50 liv.] d'avoine gruée.

Quoique toutes les plantes graminées se ressemblent entre elles par la nature des principes qui les constituent, elles varient néanmoins relativement à l'état et à la quantité où ils s'y trouvent. L'avoine contient plus d'écorce que de farine, peu de sucre, beaucoup de matière extractive dont l'odeur, dans l'avoine noire, est comparable à celle de la vanille.

Les auteurs qui ont avancé que les grains des pays froids contenaient proportionnellement plus de substance amylacée que muqueuse, parce que, disent-ils, la chaleur du climat ne pouvait pas si bien assimiler toutes les parties de la sève, se sont bien trompés; car l'analyse que j'ai faite, il y a trente ans, des farineux dont l'homme fait sa nourriture fondamentale, m'a prouvé que l'amidon et le sucre dominaient dans les graminées du midi, tandis que la matière muqueuse extractive et l'écorce étaient plus abondantes au nord, et qu'elles ont par conséquent une pesanteur spécifique moins considérable.

Considérée sous les rapports de la culture, l'avoine présente encore plus d'inconvéniens que l'orge; ses ennemis dans les champs et au grenier sont aussi plus nombreux. Une récolte passable d'orge vaut mieux qu'une riche en avoine, dont la nourriture, comme l'on sait, n'est tolérable que sous forme de gruau.

Il paraît que l'avoine n'a pas été employée comme nourriture pour la cavalerie romaine; c'était l'orge: aussi dans les climats où l'on cultive ce grain, et où il sert de nourriture aux chevaux, ces animaux sont fort estimés; tous les voyageurs rapportent qu'en Espagne, en Andalousie, en Mauritanie, en Arabie, en Tartarie, on ne leur donne que de l'orge au lieu d'avoine;

et ce sont les meilleurs chevaux que l'on connaisse.

L'avoine occupe un rang distingué parmi les plantes céréales; et quoique, suivant l'observation de mon estimable collègue *Tessier*, qui a donné sur cette culture une excellente instruction, on en compte plus de dix-huit variétés, c'est toujours un très-grand malheur pour un pays que ce grain y soit le premier objet de culture, quand ce serait l'espèce blanche, l'avoine de Hongrie, réputée avec raison pour la plus abondante et la plus alimentaire, qu'on préférerait, elle est d'ailleurs d'un meilleur produit en paille et en grains, et moins sujette au charbon.

L'avoine, cultivée spécialement pour les chevaux, pèse presque la moitié moins que le froment, ne contient pas le quart de nourriture, et a une sorte de flexibilité ou d'élasticité qui la rend difficile à la mastication : de là cette quantité de grains entiers que la volaille trouve dans la fiente de ces animaux, et dont ils n'ont pu extraire les sucs nourriciers qui leur étaient destinés; ce qui autrefois m'avait fait insister beaucoup sur la nécessité de macérer préalablement l'avoine, ou mieux de la concasser, pour en économiser une partie et fatiguer moins les viscères; car la mastication est essentielle à la digestion.

Cependant, tant qu'on ne voudra point renoncer à l'usage de l'avoine pour les chevaux, je doute que les fermiers se déterminent à en abandonner la culture, parce que le bénéfice qu'ils pourraient en retirer les arrêtera toujours; mais je déclare que la masse de la subsistance publique gagnera infiniment à la substitution de l'orge à l'avoine, et qu'une pareille révolution dans la manière de se nourrir, deviendra pour la France une richesse incalculable.

Quels que soient les efforts de l'industrie de ceux qui convertissent ce grain en farine et en pain, ils ne viendront jamais à bout d'affaiblir cette couleur foncée et cette amertume nauséabonde qui le caractérisent. Ces mauvaises qualités sont inhérentes à ce grain ; elles sont reconnues depuis long-temps; car les statuts de quelques ordres monastiques l'ordonnent comme aliment par mortification ; et nos anciens Romains en ont fait manger à leurs héros pour leur faire faire pénitence de leurs infidélités. *Liébaut* lui-même, un des auteurs de la Maison rustique, ne parle de ce pain que comme d'un aliment dont on use en temps de famine.

Je ne puis quitter cet article sans élever la voix contre l'usage dans lequel sont les habitans de plusieurs cantons de la France, de se nourrir de pain d'avoine, dont l'aspect et le goût révoltent les sens; sur-tout quand je pense que ce grain, si mauvais et si peu substantiel, revient encore plus cher aux malheureux qui s'en alimentent, que celui de froment le mieux fabriqué. La plume tombe des mains en réfléchissant sur le coupable aveuglement où on est plongé à cet égard. L'homme serait infiniment moins à plaindre, s'il n'avait que les fléaux de la nature à redouter.

L'opération de monder l'orge est bien simple; elle consiste seulement à soulever la meule supérieure du moulin ; au moyen de quoi le grain n'étant que froissé et roulé, se trouve absolument dépouillé de son écorce : il prend alors, non pas tout-à-fait la netteté et la forme du riz ; car il conserve une rainure qui lui appartient, et à sa surface une petite poussière farineuse, que le temps et le frottement en détachent.

Les frais pour concilier à l'orge l'état d'orge mondé, ne sauraient excéder ceux que demande la mouture ordinaire de ce grain, réduit en farine ; le déchet, à la vérité, sera plus considérable, à cause des portions de farine qui se trouveront nécessairement confondues dans le son : mais cette perte n'est qu'apparente ; car elle devient une ressource pour la nourriture et l'engrais des bestiaux.

Une autre circonstance sur laquelle je ne saurais trop insister, c'est de ne jamais brusquer la cuisson des farineux réduits à l'état de gruau, parce qu'alors ils absorbent moins d'eau : elle ne s'y combine pas de la même manière ; et le mélange conserve le caractère d'une matière pultacée, collante, visqueuse, comparable à cet aliment si usité, et connu parmi nous sous les noms de *bouillie*, et de *polenta* au midi de l'Europe. Arrêtons-nous encore un instant sur ce genre de mets que l'orge peut si avantageusement remplacer.

DE LA BOUILLIE.

Les moyens qu'on substitue ordinairement au lait des nourrices, soit pour le remplacer, soit pour suppléer à son insuffisance, sont le lait des animaux, et la bouillie préparée le plus communément avec la farine de froment. Le dernier de ces moyens est sujet à de grands inconvéniens; et les accidens auxquels il donne lieu dans les enfans à la mamelle, ne sont pas moins remarquables que ceux qui proviennent de la mauvaise qualité du lait d'une nourrice. Entrons dans quelques détails.

Si le blé est de tous les grains celui avec lequel on prépare le meilleur pain, il est aussi celui qui donne la plus mauvaise bouillie; tandis que le sarrasin, dont le pain est le plus grossier, fournit la bouillie la plus délicate. Cette observation, fondée sur un très-grand nombre de faits, que je ne cesse de reproduire depuis trente ans, m'a déterminé à établir comme une vérité incontestable, que toutes les fois que les farineux ne possédaient pas les qualités panaires, il fallait préférer de les consommer sous la forme de bouillie.

Cependant les auteurs, tout en convenant des défauts qu'on reproche à la bouillie de froment, ont mieux aimé chercher à les corriger, que d'en proscrire l'usage; ils se sont occupés, par conséquent, des moyens de la rendre moins visqueuse et plus digestible. Le premier de ces moyens consiste à opérer sa cuisson jusqu'à ce qu'elle n'exhale plus l'odeur de farine; il s'agit, dans le second, d'y employer quelques assaisonnemens et de la tenir fort claire : mais ces deux conditions essentielles pour la perfection de la bouillie en général, ne sauraient empêcher que la matière glutineuse, qui ne devient dissoluble que par la fermentation panaire, n'imprime à cet aliment le caractère d'un magma gluant et insipide, que les sucs de l'estomac ne pénètrent qu'avec beaucoup de travail, et qui passe bientôt, par son poids, dans les entrailles sans avoir accompli l'œuvre de la nutrition.

D'autres écrivains non moins éclairés ont pensé qu'on parviendrait à remédier aux inconvéniens de la bouillie de froment, en n'employant pour sa préparation que la farine grillée ou torréfiée, parce que, dans cette opération, la matière glutineuse étant détruite en partie, il en résultait un aliment moins fade, plus léger, et beaucoup plus facile à digérer.

Ceux qui ont voulu qu'on fît éprouver au blé une germination préalable à la mouture, pour en préparer ensuite de la bouillie, semblent n'avoir eu en vue que la destruction de la matière glutineuse dont on ignorait alors l'existence.

Rouelle préconisait, dans ses cours, le blé germé et converti en farine pour cette préparation; mais le résultat présente toujours plus de viscosité que l'orge, le maïs, l'avoine et le sarrasin, réduits sous la même forme.

Mais ce n'est pas seulement pour le froment qu'on indique la germination comme moyen d'améliorer la bouillie; la drèche, cette matière muqueuse par excellence, que la fermentation a atténuée et perfectionnée, dont les plus célèbres navigateurs recommandent l'usage en mer, passe pour être si salutaire et si facile à digérer, que les médecins la prescrivent souvent comme un aliment médicamenteux.

Or, si la bouillie de froment, telle qu'on la prépare ordinairement, est lourde, indigeste; si elle fatigue les hommes vigoureux et adultes; quel inconvénient ne doit-elle pas avoir pour les enfans dont les organes sont si faibles et si délicats! C'est cependant dans la manière de les nourrir qu'il faut chercher la cause des maladies auxquelles ces êtres frêles et délicats succombent si souvent.

Les maladies des enfans, et tout ce qui est relatif à la manière de les gouverner, sont des objets généralement trop négligés, sur-tout dans ces asiles que les vertus morales et civiques ont élevés à l'enfance abandonnée; l'ancienne société de médecine s'en était beaucoup occupée. Plusieurs excellens mémoires lui ont été adressés. Il faut espérer que l'école de médecine qui lui succède, mettra la dernière main à un travail qui influe tant sur les sources de la population. Elle a une grande tâche à remplir; mais comme elle est formée de savans recommandables, on a droit de concevoir les plus heureuses espérances.

L'ancienne société de médecine avait proposé, pour sujet d'un prix, la question suivante: « Rechercher » quelles sont les causes de la maladie aphteuse » connue sous les noms de *muguet*, *millet*, *blanchet*, » à laquelle les enfans sont sujets, sur-tout lorsqu'ils » sont réunis dans les hôpitaux, depuis le premier » jusqu'au troisième ou quatrième mois de leur

» naissance ; quels en sont les symptômes ; quelle en » est la nature, et quel en doit être le traitement, » soit préservatif, soit curatif. »

Le mémoire qui a partagé le prix dans la séance publique du 28 août 1787, a pour auteur le C.en *Auvity*; il présente tous les inconvéniens de la bouillie de froment et tous les avantages de la panade. La préparation de celle-ci consiste à prendre du pain de froment, qu'on partage par le milieu pour le faire sécher au four; on le fait ensuite tremper dans l'eau l'espace de six heures; on le presse dans un linge; on le met dans un pot; on le fait bouillir avec une suffisante quantité d'eau pendant huit heures, ayant soin de le remuer de temps en temps avec une cuiller, et de verser de l'eau chaude à mesure qu'il s'épaissit; sur la fin on y ajoute une pincée d'anis et un peu de sucre, plus ou moins, suivant la quantité du pain qu'on y aura employé, c'est-à-dire, autant qu'il en faut pour donner un parfum et un goût agréable à cette nourriture; ce qui peut s'évaluer à 4 grammes [1 gros] d'anis et 3 décagrammes [1 once] de sucre par 49 décagrammes [1 livre] de pain; on passera ensuite le tout à travers un tamis de crin, et l'on aura une crême de pain semblable à la crême de riz, dont on se servira pour la nourriture des enfans, ayant soin de n'en faire réchauffer à chaque fois que la quantité dont on aura besoin : cette crême de pain se conserve facilement vingt-quatre heures, même en été, pourvu qu'on ait la précaution de la tenir dans un lieu frais.

Telle est la recette que le C.en *Auvity* décrit dans le mémoire cité : mais on conçoit que la panade peut être préparée d'une manière plus simple et plus abrégée ; qu'il suffit de choisir le pain dans l'état rassis, séché, émiété, et cuit pendant un certain temps dans de l'eau ou dans un autre véhicule, en y ajoutant un léger assaisonnement.

Pour s'assurer du succès obtenu de l'usage des crêmes de riz et de la panade substituées à la bouillie de froment, il faut lire ce qu'écrivent les administrateurs de l'hôpital des enfans-trouvés du département des Bouches-du-Rhône, dans une lettre adressée, en 1777, à la faculté de médecine de Paris, qui, en 1775, avait donné une consultation en faveur des enfans-trouvés. « L'article de la nourriture était le » plus important, et peut-être le plus difficile : après » bien des essais infructueux faits avec le lait de di- » vers animaux, et avec différens genres de bouillies » préparées avec le plus grand soin, mais toujours » sans succès, on s'est enfin retourné du côté des » farineux que vous conseillez, la crême de riz et la » panade ; ils ont beaucoup mieux réussi, et nous » avons eu le bonheur de voir diminuer la mortalité » des enfans confiés à nos soins. »

Dans un mémoire adressé par *Léon* et *Joannis*, au nom de la faculté de médecine d'Aix, ayant pour titre, *Mémoire sur la nourriture la plus convenable qu'on puisse employer dans un hôpital pour la conservation des enfans-trouvés, au défaut de lait de femme*, on lit que depuis l'usage des crêmes de riz et de pain, introduit dans cet hôpital [Aix], la mortalité des enfans-trouvés a été beaucoup moindre : on ne les a point vus dépérir comme auparavant ; ils se sont conservés bien portans pendant tout le temps qu'ils sont restés à l'entrepôt. Au mois de juin 1776, il y avait trente-quatre enfans et dix nourrices ; malgré cette disproportion entre les nourrices et les enfans, il n'y en avait qu'un seul de malade ; tous les autres jouissaient de la meilleure santé. Ce n'était pas sans doute le lait des nourrices qui pouvait produire cet effet ; une seule nourrice était obligée de donner ses soins à trois ou quatre nourrissons : c'était donc principalement à l'usage de la crême de pain qu'on en était redevable.

L'usage dans lequel sont les bureaux de bienfaisance de distribuer aux mères nourrices de leur arrondissement une certaine quantité de farine de froment, n'étant qu'un moyen de perpétuer parmi les indigens et des hommes qui se dévouent généreusement à les soulager dans leur misère, une opinion avantageuse pour les effets de la bouillie, je ne saurais trop inviter mes collègues à bien réfléchir sur ce point ; et j'ai tout lieu de présumer que bientôt la farine de froment qu'ils font distribuer comme secours, sera remplacée par celle de l'orge.

Non, je ne puis songer à un aliment aussi indigeste, que les médecins qualifient de mastic, qui engorge les premières voies, occasionne des tranchées, des dévoiemens, des vers, sans rappeler aux femmes

femmes qui allaitent, les dangers auxquels elles exposent leurs nourrissons, et les engager à substituer à la bouillie de froment, le pain émiété, séché, et cuit avec l'eau, le lait ou le bouillon, sous la forme de panade; nourriture qui réussit merveilleusement bien au premier âge et à la décrépitude.

Mais si la plupart d'entre elles sont sourdes encore à la voix de l'humanité, qui leur crie de remplacer la bouillie par la panade, qu'elles la préparent du moins avec la farine d'orge, ou celle des autres grains dans lesquels on ne trouve pas ce gluten si essentiel à la fabrication du pain et si préjudiciable à l'effet de la bouillie. Ainsi la farine qui produit le meilleur pain, sera celle dont on préparera la plus mauvaise bouillie; et *vice versâ.*

Une autre règle générale à établir, c'est que l'état de division où l'on doit amener les grains, sans préjudicier à leur qualité, doit dépendre de l'espèce de préparation à laquelle on a dessein de les soumettre: il conviendrait donc qu'ils ne fussent que broyés grossièrement, quand il s'agit de les destiner à des potages ou à des bouillies; plus divisés, au contraire, pour en fabriquer du pain, soit pur, soit mélangé.

Je m'écarte un peu de mon objet; mais je pense que le comité, loin de considérer cette digression comme un hors-d'œuvre, ne verra, dans l'extension de mes recherches, que le desir unique de seconder les vues d'utilité générale qui l'animent en faveur des indigens, au bonheur desquels il applique continuellement le fruit de ses méditations et les secours dont il est dépositaire.

Les avantages de l'orge mondé ou perlé sont inappréciables sous une foule de rapports. L'enfant le plus faible y trouvera une nourriture aussi salutaire que l'homme le plus robuste ; voilà ce qu'une expérience heureuse de plusieurs siècles a constaté particulièrement chez les habitans des montagnes, qui vivent de cette nourriture une grande partie de l'année.

Nous ne doutons pas qu'un jour l'orge mondé, et préparé à l'instar du riz, ne devienne un secours habituel pour l'honnête indigent et une ressource pour toutes les classes de la société. Chacun y trouvera, à peu de frais et sans aucun embarras, une nourriture toute prête ; d'où résulterait une économie de temps et de combustible ; ce seraient des potages économiques d'orge, non moins utiles que les soupes aux légumes, sur lesquelles je vais encore une fois arrêter l'attention du comité général, puisqu'il s'agit de multiplier et d'améliorer la subsistance du pauvre.

DES SOUPES ÉCONOMIQUES.

ELLES sont déjà fort en usage dans plusieurs contrées de l'Europe, et le deviendront beaucoup plus par la suite, lorsqu'on sera bien convaincu que dans un court espace de temps, et à peu de frais, il est possible de préparer en grand un genre d'aliment convenable à tous les âges et à toutes les constitutions, aussi salutaire que peuvent l'être des potages maigres aux légumes. On connaît les avantages du régime tiré des végétaux sur celui que nous fournissent les animaux : ils sont si constamment avoués par l'expérience, qu'il est inutile de rappeler une chose dont la démonstration est poussée jusqu'à l'évidence.

Comme l'a observé le C.en *Decandolle*, secrétaire du comité central des soupes économiques, dans un rapport présenté à l'assemblée générale des souscripteurs, les pauvres de Paris ne sont pas les seuls qui aient joui des avantages produits par les soupes économiques; des associations analogues se sont formées dans plusieurs villes; elles ont contribué à introduire en France l'utile usage des souscriptions de bienfaisance, et au rétablissement de la Société de la charité maternelle.

L'établissement des soupes économiques n'a pas seulement pour objet le soulagement du pauvre; l'économie du combustible, l'épargne du temps et de la main-d'œuvre, sont des avantages incalculables : quelques philanthropes en ont été frappés; il leur a paru que le moyen le plus efficace pour en étendre l'utilité, c'était d'ouvrir une souscription; elle a eu un succès tel, que, pendant l'hiver précédent, on a distribué cent soixante mille rations de soupe aux indigens, qui ont manifesté envers ce genre de secours une prédilection que les préjugés et les critiques n'ont pu affaiblir.

La préparation de ces soupes peut se faire de deux

manières générales, ou en employant une longue cuisson, ou bien en les obtenant presque sur-le-champ. Dans l'un et l'autre cas les moyens mis en pratique, diffèrent : aussi indiquerons-nous les procédés auxquels il faut avoir recours, lorsque nous aurons dit un mot sur les objets qui entrent dans leur composition.

Des Substances qui constituent les Soupes économiques.

L'ORGE, la pomme de terre, les lentilles, les pois, les féves, les haricots, sont la base de ces soupes. Les herbes et racines potagères, telles que la carotte, l'ognon, le poireau, le céleri, l'oseille, &c. doivent être moins considérées sous les rapports d'aliment, que comme moyen propre à relever la fadeur de l'orge et de la pomme de terre; les aromates qu'on y ajoute, servent à donner la saveur agréable, qu'il est possible de varier à raison de leur multiplicité. Mais il ne suffit pas de connaître la nature des substances qui constituent les soupes économiques, pour pouvoir les préparer convenablement et économiquement; il faut encore se servir des meilleurs procédés, et mettre à profit les différentes tentatives qui ont été faites par les membres du comité central des soupes de Paris, pour amener à des données certaines, et réunir l'économie, l'agrément et la salubrité.

Il a été d'abord reconnu que la pomme de terre, quoique coupée par tranches et bouillie long-temps, ne se délayait pas assez; qu'elle restait en morceaux assez volumineux pour être aperçus des indigens qui n'aiment point à la trouver sous la dent. Un autre inconvénient, c'est que conservant son intégrité, elle ne donne pas autant de consistance à l'eau que si elle était totalement écrasée.

Il a donc fallu chercher les moyens d'éviter ces inconvéniens ; on y est parvenu en faisant passer la pomme de terre cuite à la vapeur de l'eau et pelée, à travers un cylindre creux, percé de beaucoup de trous : à l'aide de cet instrument, on réduit en une pâte homogène, ou pour mieux dire, en une espèce de vermicelle, les racines qui augmentant sa consistance disparaissent dans la soupe. Le choix n'est pas non plus indifférent. De toutes les variétés de ce végétal, les grosses blanches doivent avoir la préférence, parce qu'étant d'un volume plus considérable, elles offrent plus de facilité pour être pelées, que d'ailleurs elles sont toujours à meilleur compte, et n'ont pas moins de qualité que les autres espèces, sur-tout quand elles ont été cultivées dans un sol léger.

L'instrument dont il est question ici peut aussi servir à faire du vermicelle de pommes de terre, lequel, étant bien séché, se conserve pour l'été, époque à laquelle on ne trouve plus ces racines que dans un état germé. On ne doit cependant avoir recours à un pareil moyen, qu'autant qu'il serait peu coûteux, car ce n'est pas assez que les soupes soient très-nourrissantes, elles doivent encore être économiques; c'est sur ces deux bases que repose le succès des établissemens de ce genre.

Passons maintenant à l'orge. Ce grain, qu'on peut se procurer dans toutes les saisons, a été employé sous diverses formes; mais l'usage a appris qu'il ne devait entrer dans les soupes que mondé : c'est alors qu'il donne beaucoup de corps à la soupe; pour lui faire absorber le plus d'eau possible, il faut en employer peu d'abord, l'augmenter insensiblement jusqu'à ce que le grain soit extrêmement renflé, et n'offre plus qu'une boullie de même blancheur et consistance que du riz très-épais. C'est dans cet état qu'on l'ajoute aux autres substances pour confectionner la soupe.

La farine d'orge ne demande aucune préparation préliminaire; il n'est question que de la délayer dans un peu d'eau d'abord, ensuite d'y en ajouter suffisamment afin qu'il ne puisse plus exister de grumèaux dans le mélange qu'on en fait avec les autres substances contenues dans la marmite.

Les pois, les féves, les haricots et les lentilles exigent quelques préparations réglées sur l'état où se trouvent ces semences léguminneuses. Sèches et entières, on les laisse macérer dans l'eau froide pendant douze ou vingt-quatre heures; après les en avoir retirées, on les cuit à petit feu dans peu d'eau; on en ajoute à mesure qu'elles l'absorbent, jusqu'à parfaite cuisson : une partie, passée à travers le cylindre creux et percé, est employée en purée, et l'autre reste entière; par ce moyen, la soupe acquiert plus de consistance et de saveur; et le consommateur, qui aime à voir et à rencontrer sous la dent la semence légumineuse elle-même, est satisfait, et n'a plus à cet égard rien à desirer. La purée de lentille doit être faite dans un autre vase, attendu que cette graine est trop petite, et passerait à travers les trous sans être à peine écrasée.

Ces mêmes légumes convertis en farines seraient d'un très-grand avantage pour faire promptement la soupe et à moins de frais; mais avant de les moudre, il faut avoir la précaution de les faire sécher au four, et même de les torréfier; sans cette opération préalable, l'humidité constituante de la semence l'échauffe par le mouvement et la rotation des meules, et la farine passe difficilement à travers les bluteaux dont elle graisse le tissu.

Lorsqu'on emploie la farine des pois, haricots, &c. on doit avoir la même précaution que pour la farine d'orge, c'est-à-dire, de la délayer dans peu d'eau d'abord, puis d'y en ajouter successivement jusqu'à ce qu'on ait une bouillie claire, exempte de grumeaux.

Comme on ne doit rien négliger de ce qui peut procurer une épargne de temps et de soins dans l'établissement des soupes économiques, je dois faire observer qu'il convient de faire ses provisions de légumes secs presque immédiatement après la récolte, parce qu'à cette époque ils sont d'un prix bien inférieur à celui qu'ils acquièrent l'hiver, lorsque la consommation en est devenue générale, et que l'on connaît à-peu-près la mesure de ses ressources.

Après avoir dit un mot sur les légumes secs qui entrent dans la préparation des soupes, occupons-nous des substances que l'on emploie dans leur état de verdeur. Il faut avoir toujours l'attention de les laver et de les éplucher avec précaution, et sur-tout de n'en faire pendant l'été qu'une provision pour deux ou trois jours au plus; on peut, il est vrai, dans l'automne, en préparer pour l'hiver, en les cuisant.

C'est principalement à l'oseille, au céleri, au persil et au cerfeuil que cette observation s'applique. Tout le monde connaît la manière de préparer les herbes cuites; je me dispenserai donc d'en donner le procédé. La seule remarque que je ferai, c'est qu'on doit les saler et épicer le plus fortement possible, recouvrir ensuite leur surface d'une bonne couche d'huile d'olive, et les tenir dans un endroit sec et frais. Qu'on ne soit pas surpris si nous recommandons de forcer sur les épices et sur le sel, pour conserver, avec plus de sûreté, les herbes cuites; la portion ajoutée l'hiver à la soupe, quelque épicée qu'elle soit, ne dispense pas de mettre encore une certaine quantité de poivre.

C'est une grande économie de temps et d'argent que la préparation d'herbes cuites : indépendamment de l'agrément qu'elles donnent à la soupe en relevant la fadeur de l'orge et de la pomme de terre, elles ont aussi l'avantage de remplacer les légumes qu'on ne pourrait point se procurer l'hiver, ou au moins que très-difficilement et à très-grands frais. Tous ces détails sont de la plus haute importance pour celui qui desirerait former, à son compte, des établissemens de soupes.

Les aromates, quoique peu nutritifs, sont cependant une partie importante de la soupe, en lui communiquant un goût qui la fait savourer avec plaisir; ils doivent donc aussi fixer notre attention. Ajoutons qu'ils aident beaucoup à varier le goût de la soupe lorsqu'on le desire. Ce n'est pas la quantité qu'il faut employer; ils lui donneraient un goût âcre : il suffit d'en mettre assez pour que le consommateur puisse à peine deviner à quelle substance aromatique il doit cette saveur agréable.

Dans tous les cas, les aromates ne doivent être mis à la marmite qu'une demi-heure ou trois quarts d'heure avant de distribuer la soupe; le sel peut y être ajouté une heure avant les aromates.

Il semblerait que d'après la dénomination de soupes économiques, de soupes aux légumes, que porte cette préparation, la graisse devrait en être exclue; cependant elle y entre dans une proportion telle, qu'elle ne peut nuire à l'économie qu'on a toujours en vue; et c'est au C.en *Bourriat*, membre du collége de pharmacie, dont le zèle pour tout ce qui est utile au pauvre est sans bornes, que nous sommes redevables des observations suivantes :

Les substances grasses et huileuses qu'on peut y faire entrer sont de plusieurs espèces : le beurre, l'huile, le lard, le sain-doux, la graisse d'oie, de bœuf, de mouton et de rôti, peuvent être indifféremment employés ; cependant lorsqu'on est à portée de se procurer la dernière, on doit lui donner la préférence, ou bien à celles de bœuf ou de mouton fondues ensemble et légèrement torréfiées. Moyennant ce procédé, on fait contracter à ces graisses une sapidité infiniment plus marquée, qui relève davantage la fadeur des autres substances.

Un autre motif qui doit déterminer ce choix, c'est l'économie qui en résultera. En effet, plus une graisse est savoureuse, et moins il en faut : le lard, dans l'état rance, mériterait donc d'être employé de préférence, s'il ne communiquait pas à la soupe un goût fort qui ne plaît pas au palais de beaucoup de personnes ; au lieu que la préparation qu'on fait subir aux graisses de bœuf et de mouton, y développe un acide qui n'est pas à proprement parler celui de la rancidité, et n'empêche pas de reconnaître dans ces graisses l'odeur qui appartient à chacun des animaux qui les a fournies.

La manière dont on doit les préparer, consiste à prendre parties égales de graisses de mouton et de bœuf, à les diviser par morceaux, et à les liquéfier ensemble dans un vase de terre ou de fer; une fois fondues, on continue de les tenir sur le feu jusqu'à ce qu'il s'élève un peu de fumée, et que la surface commence à noircir; on les retire du feu et on les coule dans un vase de grès, ou, si l'on veut, on se dispense de séparer le dépôt; mais alors elles ne se conservent pas long-temps. Dès que le mélange est refroidi à moitié, on y ajoute un bouquet de thym et de laurier, quelques clous de girofle brisés et un peu de poivre concassé; il ne s'agit plus ensuite que d'ajouter cette graisse à la soupe trois heures avant d'en faire la distribution.

COMPOSITION des Soupes économiques.

APRÈS avoir passé en revue chacune des substances qui constituent les soupes économiques, il ne nous reste plus qu'à indiquer les proportions dans lesquelles on les y fait entrer, la manière de les combiner entre elles, au point d'en former un bon tout; enfin le moyen de varier à volonté la saveur des soupes.

Les tableaux que nous allons présenter, serviront à prouver, d'une part, qu'on peut varier les soupes à l'infini; que, de l'autre, les difficultés locales pour se procurer les substances y dénommées, ne sauraient être un motif pour renoncer aux avantages des soupes économiques. En observant attentivement les proportions de chacune, il est facile de les remplacer par d'autres substances d'un prix inférieur, telles que le maïs, le sarrasin et le millet, dans certains cantons, au lieu d'orge; en les augmentant ou les diminuant suivant la consistance qu'elles donnent à l'eau.

PREMIER TABLEAU POUR 300 SOUPES.

	kil. décigr.	
Eau de rivière, ou eau pure.	190 . 9100	390 liv.
Pommes de terre.	39 . 1600	80 liv.
Orge mondé.	17 . 1300	35 liv.
Haricots.	12 . 7300	26 liv.
Graisse préparée.	0 . 9800	2 liv.
Sel.	2 . 4500	5 liv.
Ognons.	0 . 4900	1 liv.
Céleri (les feuilles seulement). . .	0 . 9800	2 liv.
Herbes cuites.	1. 2200	2 l. et ½.
Thym et laurier secs (de chaque). .	0 . 0115	3 gros.
Persil.	0 . 0918	3 onc.
Poivre.	0 . 0306	1 onc.
Bois brûlé pendant la cuisson, de. .	19 . 5800 à 24 . 4800	40 à 50 l.

Dès la veille au soir, on commence à cuire les pommes de terre, dans une marmite surmontée d'un fond percé, placée à côté de la grande qui doit contenir les soupes; une heure, au plus, suffit pour cette opération : lorsqu'elle est achevée, on met dans la même marmite les haricots, qui trempent depuis la veille dans un vaisseau de terre, avec un peu d'eau froide ; à mesure qu'ils absorbent cette eau en cuisant, on en ajoute d'autre avec la précaution de ne jamais les noyer; moins l'eau surnage et mieux la cuisson s'opère: sitôt qu'on les juge cuits, il faut en passer une partie par le cylindre creux pour en former une purée; le reste se mêle ensuite avec cette purée sans être écrasé.

On conserve le tout dans un vaisseau de terre ou de bois ; on profite de la chaleur qu'a le fourneau, après avoir cuit les pommes de terre et les haricots, pour y mettre l'orge humectée avec suffisamment d'eau ; on ajoute un ou deux petits morceaux de bois, et l'orge crève ainsi toute la nuit, et se laisse facilement pénétrer par l'eau ; chaque grain est considérablement renflé, et n'offre plus qu'un riz de la plus grande blancheur. Pendant ces diverses cuissons, qui se font sans peine et qui n'exigent qu'un peu de surveillance, on pèle les pommes de terre : le lendemain, au moment de les ajouter à la soupe, on les passe au cylindre.

C'est le matin, à six heures, qu'il faut commencer à allumer le feu sous la grande marmite, dans laquelle on a mis l'excédant de l'eau nécessaire aux diverses cuissons qui ont eu lieu. On délaye l'orge, les haricots et la pomme de terre ; on coupe les légumes verts en petits morceaux avant de les ajouter : après une heure d'ébullition, on met la graisse et le sel ; les aromates ne doivent y être mêlés qu'une demi-heure avant de distribuer la soupe.

La préparation des haricots, de l'orge et des pommes de terre, peut se faire également la veille au matin, pendant que la grande marmite bout. Cette préparation de la veille au soir, n'est bonne que pour la première fois, attendu qu'on ne pourrait pas distribuer à midi une soupe dont diverses substances qui y entrent demandent elles-mêmes une préparation préliminaire qui dure une matinée, comme l'orge, par exemple.

On observera que l'orge doit être retirée de la marmite le soir, si on la cuit le matin. En préparant ainsi la veille au matin, les substances qui doivent servir à la soupe du lendemain, il n'y a réellement que la moitié de la journée employée à la préparation des trois cents soupes. Cette préparation, qui paraît compliquée en théorie, est de facile exécution.

DEUXIÈME TABLEAU.

	kil. décigr.	
Eau	186 . 0000	380 liv.
Orge mondé	29 . 3700	60 liv.
Farine de haricots	5 . 8700	12 liv.
——— de lentilles	4 . 4100	9 liv.
Graisse	0 . 9800	2 liv.
Sel	2 . 4500	5 liv.
Poireaux	0 . 4900	1 liv.
Ognons	0 . 2450	½ liv.
Carottes	0 . 4900	1 liv.
Persil	0 . 0918	3 onc.
Laurier et sarriette (de chaque)	0 . 0306	1 onc.
Poivre	0 . 0153	½ onc.
Girofle	0 . 0076	2 gr.
Bois	17 . 1300	35 liv.

Ce procédé abrége beaucoup l'opération : il suffit, dans ce cas, d'avoir un fourneau avec des registres. On allume le feu à cinq heures du matin ; on fait crever l'orge en ajoutant successivement de l'eau à mesure qu'elle est absorbée; ensuite on met les légumes coupés, puis les farines qu'on a eu la précaution de délayer dans un vase séparé, avec l'eau de la marmite, qui est déjà chaude. On verse alors le tout dans la marmite avec le sel et la graisse; on ajoute les aromates au temps indiqué. Il y a ici économie de bois et de peine : ce procédé doit être employé dans la saison qui ne permet plus la jouissance des pommes de terre.

TROISIÈME TABLEAU.

	kil. décigr.	
Eau	176 . 2200	360 liv.
Farine d'orge	29 . 3700	60 liv.
—— de pois	7 . 3400	15 liv.
—— de lentilles	4 . 9000	10 liv.
Graisse	1 . 4700	3 liv.
Sel	2 . 4500	5 liv.
Persil	0 . 1224	4 onc.
Poireaux	0 . 9800	2 liv.
Herbes cuites	1 . 9600	4 liv.
Ognons	0 . 4900	1 liv.
Ail	0 . 0306	1 onc.
Thym, laurier (de chaque)	0 . 0153	½ onc.
Poivre	0 . 0306	1 onc.
Bois	13 . 7100 à 14 . 6900	28 à 30 l.

Le procédé du troisième tableau est le plus prompt et le plus facile à exécuter, il ne s'agit que de délayer, dans un vase séparé, les farines avec l'eau préalablement chauffée dans la chaudière. Le moyen est constamment le même pour toutes les farines, c'est-à-dire qu'il faut ajouter d'abord peu d'eau dans le vase, et l'augmenter jusqu'à ce que l'on ait une bouillie assez claire pour passer par un tamis de crin peu serré; on la mêle, en cet état, à l'eau restée dans la marmite avec les légumes, qui cette fois y ont été mis les premiers. La soupe peut être commencée à neuf heures du matin et finie à une heure après midi. On ne donne ici ce procédé, que pour prouver combien il est possible de varier les soupes ainsi que les substances qui les constituent; ce sont trois méthodes qu'on peut nuancer à l'infini, selon les pays et les facultés que l'on a de se procurer telle ou telle substance plutôt que telle autre.

En connaissant bien la qualité salubre et nutritive d'une substance quelle qu'elle soit, et le degré de consistance qu'elle peut donner à une certaine quantité d'eau, on pourra toujours faire, sans tâtonnement, une bonne soupe économique; il suffira de comparer cette même substance avec celle portée sur les tableaux.

DISTRIBUTION des soupes économiques.

NOUS l'avons souvent dit, et il n'est pas superflu de le répéter ici, que l'aliment préparé sous forme de soupe est d'autant meilleur et plus nourrissant, qu'il est consommé dans un état chaud : il faut donc,

donc, après que la soupe est faite, la maintenir au degré qui précède l'ébullition.

Il convient de joindre à chaque portion de soupe une once de pain grillé au four. Dans cet état, comme l'a observé le comte *de Rumfort*, il prolonge le plaisir de manger; rendant la mastication nécessaire, il contribue à ce que le repas soit plus sain : cependant les indigens préfèrent quelquefois le pain non grillé; et alors il faut le laisser sécher.

En combinant de plusieurs manières les ingrédiens des soupes économiques, il n'est pas douteux qu'on ne puisse les varier à l'infini, comme l'observe judicieusement le comité central des soupes de Paris, dans l'instruction concise mais intéressante sur la composition et la préparation de ce genre de nourriture, pour lequel il ne faut employer que des alimens reconnus pour sains et de la meilleure qualité.

A midi commence la distribution; elle dure deux heures; on met dans un vase particulier une certaine quantité de soupe; et avec une mesure de fer-blanc, on la distribue aux consommateurs.

Cette distribution se compose de deux classes d'individus, de l'ouvrier qui voudra y participer, moyennant sept centimes; ou du pauvre qui présentera la carte qu'il aura reçue : mais celui-ci, objecte-t-on, cédera sa carte pour quelques centimes, et voilà des secours en argent détournés de leur véritable application; mais ce sera toujours de la subsistance ajoutée à la masse des ressources, une épargne sur les matières premières, sur le combustible, sur le temps et la main-d'œuvre, et un moyen de plus de faire contracter l'habitude pour un genre de nourriture qu'il sera utile de préparer en grand, dans une saison sur-tout où les besoins semblent se multiplier, à mesure que les moyens d'y satisfaire diminuent.

Grâces soient rendues au C.en *Delessert* fils, fondateur du premier établissement des soupes économiques, à Paris. Dans l'âge où l'on recherche avidement les plaisirs, il n'en connaît qu'un, celui d'être utile à l'indigent : philanthrope, l'esprit toujours tendu vers les moyens de soulager l'humanité, il a le cœur plein des vertus dont il est entouré dans une maison vraiment patriarchale.

Ceux qui voudraient trouver dans ces potages économiques la saveur de leurs mets relevés de toutes les épices des deux mondes, de leurs coulis succulens, déplorent avec un attendrissement affecté dans leurs cercles, le sort des indigens pour lesquels ces préparations sont destinées. Qu'ils choisissent donc un autre point de comparaison ; qu'ils aient le courage de monter sous le toit du pauvre, pour voir et goûter la soupe qu'il prépare avec un ognon frit dans un peu de beurre ou de graisse rance, et assaisonnée avec quelques grains de sel ; alors ils ne pourront se dispenser de convenir que la soupe de légumes de la rue du Mail, est le coulis de l'indigent.

Peu importe d'ailleurs que les hommes opulens ne trouvent pas dans la délicatesse de ce genre de nourriture de quoi satisfaire leur goût et leur fantaisie : pourvu que dans tous les temps ce soit une ressource pour la classe peu aisée, pourvu que ceux de nos concitoyens placés au milieu des campagnes, où l'orge est une production principale, puissent se passer du mauvais pain qu'ils en fabriquent à grands frais ; c'est là l'objet de nos sollicitudes et de nos vœux.

OBSERVATIONS GÉNÉRALES.

QUEL que soit le procédé pour monder l'orge, c'est-à-dire, pour le dépouiller de son écorce autant qu'il est possible, nous pensons qu'il doit être fort simple, et que les frais de cette opération ne sauraient excéder de beaucoup ceux de la mouture ordinaire des grains : le déchet, à la vérité, sera plus considérable à cause des portions farineuses contenues dans les extrémités du grain ; mais cette perte n'est qu'apparente, puisqu'elle devient une addition à la substance des animaux domestiques, qu'on nourrit avec les issues de l'orge et des autres grains.

Sans doute l'opération qui procure à l'orge la forme d'orge perlé, exige plus de temps et occasionne plus de déchet que celle qui se borne à la monder ; ce qui nécessairement doit en élever beaucoup le prix : mais ce prix est, pour le moment présent, très-inférieur à celui du riz, et il y a tout lieu de présumer qu'au retour de la paix générale l'orge perlé soutiendra la concurrence de ce grain exotique, auquel on propose de le substituer.

Une circonstance qui doit rendre l'usage de l'orge mondé et apprêté sous forme de riz crevé, d'une grande utilité dans le moment présent, c'est la cherté excessive des semences légumineuses, occasionnée par la sécheresse de cette année (an 8), qui a considérablement diminué la récolte des pois et des féves, des haricots, des lentilles, et même des racines potagères.

Mais, pour disposer les habitans de Paris, et surtout la classe peu aisée, à profiter dès cet hiver du supplément proposé, il serait digne du Ministre de l'intérieur, dont l'amour pour tout ce qui porte un caractère d'utilité publique est connu, de consacrer une somme de 3000 francs, prise sur un fonds extraordinaire, pour mettre à la disposition des quarante-huit bureaux de bienfaisance trois à quatre hectolitres [setiers] d'orge mondé : ce serait un supplément de secours, et peut-être que le pauvre, qui n'a plus dans le riz le même degré de confiance depuis qu'il en a été rassasié dans la dernière disette, accueillerait volontiers ce nouveau genre d'aliment; qu'il le ferait même servir de remplacement aux haricots; et nous ne doutons même pas que les nourrices, éclairées par les mauvais effets de la bouillie de froment, ne le lui préfèrent.

Le prix ordinaire de l'orge mondé, celui de l'orge grué, presque toujours supérieur à celui du riz, ont empêché jusqu'à présent la classe la plus nombreuse et non la moins respectable de la société, d'en faire usage.

C'est vraisemblablement là un des motifs qui fait que ces deux grains ne sont pas admis au nombre des alimens qui constituent le régime suivi dans les grands établissemens : or, cet obstacle n'existant plus, à cause de la substitution d'un autre grain infiniment moins cher, pourquoi l'orge mondé n'y deviendrait-il pas en faveur pour son prix et la faculté de s'en procurer dans tous les temps sans avoir à craindre ces inconvéniens attachés à toutes les denrées qui viennent d'un autre hémisphère ! On pourrait distribuer, par décade, des rations d'orge mondé ou grué en remplacement non-seulement du riz, mais encore des graines légumineuses.

Si l'usage de l'orge mondé ou grué était adopté dans les grands établissemens, et qu'il fût plus général, on parviendrait peut-être un jour à établir des marmites communes d'orge crevé, d'orge grué, pour en distribuer le résultat par la voie de la bienfaisance ou du commerce. On sait combien les alimens préparés en grand économisent sur la matière première, sur le combustible et sur les frais de main-d'œuvre ; ce qui est d'une grande importance dans une ville populeuse, où certains quartiers offrent assez d'habitans réunis pour consommer tout ce que contiendrait une marmite de riz-orge, placée au milieu de leurs demeures.

Nous ne dirons pas que l'orge perlé préparé en France aura de la supériorité sur celui qu'on tire d'Allemagne ; il ne pourrait l'acquérir qu'autant que le grain qu'on y emploiera sera l'espèce particulière la plus propre à écorcer, monder et perler : mais cette ressource sera toujours avantageuse pour le Gouvernement, sous le rapport de l'économie, puisque l'orge perlé de la meilleure qualité ne coûtera que la moitié du prix du riz, et qu'il peut le remplacer pour la forme, le goût, les effets nutritifs et diététiques, en observant toujours d'employer, pour le faire crever, peu d'eau et de chaleur.

C'est donc un service essentiel que le C.[en] *Grignet* rendra à Paris et à la plupart des départemens, s'il parvient à construire des moulins propres à fabriquer en France, aussi parfaitement qu'en Allemagne, de l'orge mondé, de l'orge grué, de l'orge perlé, et à régler le nombre de ces machines utiles sur la consommation de ce genre d'aliment, pour le maintenir toujours dans la même qualité et sur-tout au même prix, quel que soit celui du riz. Je pense que, sous ce rapport, le C.[en] *Grignet*, en important dans la République un nouveau genre d'industrie, mérite l'accueil du Gouvernement, et que le comité général de bienfaisance doit écrire au Ministre de l'intérieur, pour l'inviter à faire essayer l'usage de l'orge mondé dans les hôpitaux civils, et à mettre les membres des bureaux de bienfaisance à portée de faire adopter, parmi les indigens de leur division, une ressource qui, dans beaucoup de circonstances, peut remplacer non-seulement le riz, mais encore les semences légumineuses.

Combien il serait à souhaiter que dans le nombre

des productions alimentaires auxquelles nous consacrons l'emploi de nos terrains, de nos engrais, de nos soins et de nos avances, on choisît toujours de préférence celles que l'expérience et l'observation auraient fait reconnaître comme les plus fécondes, les plus nutritives et les moins assujetties au caprice des saisons ! les productions, en un mot, dont les dépenses de culture et de récolte ne seraient pas considérables, qui pourraient se conserver, se transporter, et se transformer à peu de frais en un aliment commode et salutaire !

Formons des vœux pour que nos concitoyens, plus éclairés sur leurs véritables intérêts, s'occupent davantage des ressources qu'offre le sol de la patrie; que l'utilité de l'orge mondé, grué et perlé, mieux sentie, le fasse adopter dans le régime domestique et sur-tout dans celui des administrations hospitalières, civiles et militaires : puisse ce grain, sous ces différentes formes, remplacer le riz et les légumes, lorsque des circonstances impérieuses en rehaussent la valeur, et remplacer dans tous les temps et dans tous les pays, l'avoine, qui absorbe quelquefois les bénéfices d'une ferme exploitée par des chevaux.

Signé PARMENTIER, *Commissaire rapporteur;* DERENNEFORT, *Président;* DECAUX et SOUHART, *Secrétaires.*

Pour copie conforme :

Signé SOUHART, *Secrétaire.*

ÉCOLE DE MÉDECINE DE PARIS.

RAPPORT,

D'APRÈS LES EXPÉRIENCES,

SUR

LES POTAGES DU C.en *GRIGNET.*

EXTRAIT des délibérations de l'École de médecine de Paris, séance du 19 Germinal an 9.

LE C.en *Grignet* a proposé au Ministre de l'intérieur de fournir aux hospices civils, ainsi qu'aux comités de bienfaisance, des gruaux d'orge, avec lesquels il assure qu'on peut préparer des potages qui, étant très-nourrissans, très-salubres et peu coûteux, doivent, sous ces trois rapports, convenir pour alimenter les indigens.

Le Ministre ayant consulté l'École à ce sujet, elle a nommé des commissaires à l'effet de lui présenter un rapport sur cette affaire. Ce rapport a été adressé au Ministre, qui a chargé le C.en Préfet du département, de faire, à cet égard, des expériences dans quelques hospices.

Le Préfet ayant desiré que ces essais eussent lieu à l'hospice de l'École, les expériences que vos commissaires ont cru devoir entreprendre pour établir leur opinion, y ont été faites les 27 et 28 ventôse dernier. Avant d'en faire connaître les résultats, nous devons dire que le C.en *Grignet* nous ayant annoncé qu'indépendamment du gruau, il préparait encore de l'orge mondé qui pouvait suppléer le riz, nous avons pensé qu'il pouvait être utile de mettre en comparaison ces deux grains : en conséquence nous avons fait préparer en même temps trois potages, l'un avec le riz, un autre avec de l'orge mondé, qui nous a été fourni par le C.[en] *Grignet*, et un troisième avec du gruau d'orge.

Ces trois substances, prises chacune à la dose de 2 hectogrammes 45 grammes [8 onces], ont été mises séparément dans des casseroles couvertes, avec deux kilogrammes [4 livres] d'eau.

Les casseroles ont été placées sur un feu d'abord assez doux, qui ensuite a été augmenté jusqu'au degré convenable pour produire l'ébullition. De temps en temps on avait la précaution d'agiter ce qui était contenu dans chaque casserole, afin d'éviter la torréfaction ; et on ajoutait aussi de l'eau pour suppléer celle qui était absorbée ou qui s'évaporait.

Après une heure et un quart de cuisson, on a examiné dans quel état étaient les matières sur lesquelles on opérait.

Le riz ayant paru complétement cuit et crevé, la casserole qui le contenait a été retirée du feu ; et sur-le-champ on s'est assuré, avec la balance, que la quantité d'eau absorbée par ce grain, était d'un kilogramme 71 décagr. [3 livres 8 onces] : la consistance qu'avait alors le potage était celle qu'on donne aux potages de riz qu'on sert ordinairement sur les tables.

Le gruau d'orge n'a aussi demandé qu'une heure et un quart pour se cuire. Son potage avait une consistance égale à celle du potage de riz ; dans cette opération, il y a eu 1 kilogramme 82 décagrammes [3 livres 11 onces et demie] d'eau absorbée.

Quant à l'orge mondé, il a fallu pour le cuire trois quarts d'heure de plus que pour le riz et le gruau. La consistance de son potage était semblable à celle des deux précédens ; il n'avait pas d'ailleurs absorbé plus d'eau que celui du riz.

Les trois potages, après avoir été accommodés avec du beurre et du sel, furent servis à différentes personnes qui, ainsi que vos commissaires, assistaient aux expériences. Voici les résultats des avis qui ont été recueillis :

Le potage de riz n'a pas paru différer de celui de cette espèce qu'on sert ordinairement sur les tables, lorsque pour le préparer on n'emploie pas d'autres assaisonnemens que ceux indiqués.

Celui de gruau a été jugé bon et de nature à suppléer le précédent.

Le potage d'orge, quoiqu'assez moelleux, offrait des grains entiers dont le volume était à-peu-près de moitié plus considérable que celui qu'ils avaient avant leur cuisson; on remarquait aussi qu'ils avaient conservé une sorte de consistance qui exigeait qu'on les broyât avec les dents avant qu'on pût les avaler.

L'état de ces grains présentant un inconvénient, on crut qu'on pourrait le faire disparaître en poussant plus loin la cuisson; la casserole fut donc remise sur le feu : mais comme on vit qu'au bout d'une heure les grains étaient encore aussi fermes qu'auparavant, il fut arrêté, d'après la proposition d'un des commissaires, qu'on recommencerait l'expérience; mais qu'au lieu de procéder comme on l'avait fait, on laisserait macérer le grain dans l'eau froide pendant six ou huit heures, afin qu'étant pénétré par ce fluide, il pût être ensuite plus facilement cuit.

L'expérience proposée ayant été faite, le résultat en fut satisfaisant; c'est-à-dire que les grains d'orge, après deux heures de cuisson, furent trouvés plus tendres; et que pour les diviser dans la bouche, on n'avait pas besoin d'une aussi longue mastication que dans la première expérience.

Il paraît démontré, d'après cela, que le procédé, pour

préparer le potage d'orge mondé, devait différer de celui employé pour les deux potages précédens, et que la macération préliminaire de ce grain dans l'eau froide, devait précéder sa cuisson, tandis que cette précaution était inutile pour le riz et le gruau.

Vos commissaires croient superflu d'insister aujourd'hui sur les propriétés nutritives des trois potages dont il vient d'être question, puisque déjà, dans un précédent rapport, ils vous ont fait connaître leur opinion à ce sujet : d'ailleurs cette propriété est d'autant moins équivoque, qu'elle est avouée par tous ceux qui font usage de ces sortes d'alimens.

Il serait possible cependant que, toutes choses égales d'ailleurs, le riz réunît cette même propriété à un plus haut degré que l'orge, soit mondé, soit en gruau ; mais la différence qui peut exister à cet égard, ne doit sûrement pas être assez considérable, pour que, lorsqu'on ne pourra pas se procurer du riz, ou que ce grain sera trop cher, on n'ait pas recours à l'orge mondé, qu'on peut avoir en tout temps, et toujours à meilleur marché que le riz.

Une autre considération encore sur laquelle il n'est pas indifférent d'insister, c'est que l'orge étant une semence indigène, il est plus naturel de l'employer que de se servir de riz, qu'on est toujours obligé de tirer de l'étranger, et dont l'acquisition fait sortir annuellement de France des sommes considérables.

D'après ces motifs, nous proposons à l'École de répondre au Ministre, que, vu la possibilité de préparer avec le gruau d'orge et l'orge mondé, des potages sains et nourrissans, elle pense qu'il serait à desirer que l'usage de semblables potages fût introduit dans les hospices civils, pour suppléer ceux de riz ; et que, *dans le cas où le C.en* Grignet *pourrait fournir l'orge mondé, ainsi que le gruau qu'il prépare, à un prix bien inférieur à celui où l'on trouve ordinairement le riz dans le commerce* , il serait à desirer aussi que les administrateurs des hospices civils, ainsi que ceux des comités de bienfaisance, s'entendissent avec ce citoyen pour la fourniture qu'il demande à faire des deux denrées dont il s'agit.

L'ÉCOLE, dans sa séance du 19 de ce mois, ayant entendu la lecture du rapport ci-dessus, en a adopté les conclusions, et a arrêté qu'une copie serait envoyée au Ministre de l'intérieur.

Pour copie certifiée véritable :

Signé THOURET, *directeur de l'École de médecine de Paris.*

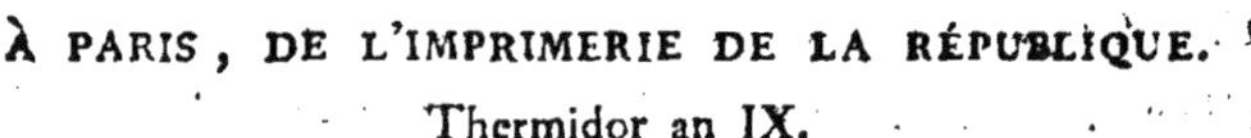

À PARIS, DE L'IMPRIMERIE DE LA RÉPUBLIQUE.
Thermidor an IX.

www.ingramcontent.com/pod-product-compliance
Ingram Content Group UK Ltd.
Pitfield, Milton Keynes, MK11 3LW, UK
UKHW020353180726
13839UKWH00003B/1073